NOUVEAU
MODE DE CONSERVATION
DES GRAINS.

Imprimerie de Madame HUZARD (née VALLAT LA CHAPELLE),
Rue de l'Éperon Saint-André-des-Arts, n°. 7.

NOUVEAU

MODE DE CONSERVATION

DES GRAINS,

PAR LE MOYEN DES GRENIERS CLOS SOUTERRAINS
A TEMPÉRATURE BASSE,

ET

DES VINS,

PAR LE MOYEN DES CAVES A DOUBLE COURANT D'AIR;

PAR A. DELACROIX,

Propriétaire à Ivry, Membre et Trésorier de la Société Asiatique, Membre
de la Société royale des Antiquaires de France, etc.

PARIS,

MADAME HUZARD (NÉE VALLAT LA CHAPELLE), LIBRAIRE,

RUE DE L'ÉPERON SAINT-ANDRÉ-DES-ARTS, N°. 7.

1828.

INTRODUCTION.

DANS cette notice, je me propose de faire connaître au public et au Gouvernement les recherches et les expériences que j'ai faites sur la conservation indéfinie des produits de l'agriculture, et particulièrement sur celle des grains et des farines, persuadé que je suis que ces recherches et ces expériences peuvent n'être pas sans quelque utilité.

En effet, dans la session de la Chambre des députés, de 1821, M. le général Tarraire disait, à la tribune, que le seul moyen efficace de prévenir les disettes serait de créer un commerce de grains intérieur, et d'établir des greniers souterrains dans les départemens.

M. le général Demarçay disait qu'un des bons moyens qu'on pourrait employer pour former des réserves serait d'établir des fosses à grain modèle dans chaque chef-lieu de département.

M. Ganilh et M. de Lastours exprimèrent aussi leur vœu pour qu'on formât des réserves, si on ne voulait pas toujours être exposé en France à une alternative de surabondance et de disettes ;

mais ils supposaient un moyen de conservation tout trouvé.

Mes recherches et mes expériences doivent donc avoir au moins le mérite de prévenir une grande erreur, celle où l'on serait généralement de croire que les greniers souterrains et les fosses à grain, comme on les a conçus jusqu'ici, pourraient offrir, dans nos climats, un moyen de conservation sûr pour former des réserves; car elles m'ont démontré que jamais ce genre de greniers, comme on les a exécutés jusqu'ici, ne remplira l'objet.

Les greniers ordinaires sont aussi bien peu sûrs pour former des réserves; d'ailleurs, ils exigent des manœuvres trop dispendieuses.

Si donc on croyait nécessaire de former des réserves en France, le premier objet à s'occuper serait de chercher un moyen de conservation qui offrît toutes les garanties.

Et ici le problème est encore à résoudre.

Si je ne me fais illusion, je crois cependant en avoir trouvé la solution dans les greniers clos à température basse.

Dans cette Notice, j'expose la théorie de ces greniers, le public jugera si je me trompe.

Je me suis aussi, par circonstance, occupé de la conservation des vins.

J'ai trouvé dans mes recherches que le meilleur moyen de conservation était celui des caves à double courant d'air et à température modérée et invariable. Le public jugera encore du mérite de mes expériences sur cet objet.

La conservation des produits de la terre dont l'homme se nourrit est d'un grand intérêt, puisqu'elle est l'une des meilleures garanties de la tranquillité publique. Cependant peu s'en occupent, aussi ne me flatté-je pas de fixer l'attention sur cet objet. Peu s'occupent de cette conservation, parce que pour trouver un meilleur mode il faut faire des recherches et des expériences, et que ces recherches et ces expériences exigent de grands sacrifices d'argent, et de plus une persévérance et une patience dont peu d'hommes sont susceptibles.

En publiant cette Notice, je crois remplir un devoir ; je le remplis, mais sans beaucoup d'espoir d'atteindre le but; car plusieurs croiront voir dans l'application de mes théories leurs intérêts éloignés, froissés, et s'opposeront à ce qu'on en fasse même l'essai. D'autres se rappelleront d'anciennes dissidences d'opinions et d'anciennes rivalités, ils ne me pardonneront pas d'avoir eu trop de torts envers moi, et d'avoir vu toutes leurs suppositions et leurs prévisions démenties par l'événement, et dans leur aveugle prévention, ils condamneront mes travaux sans les connaître, et par cela seul qu'ils sont de moi; d'autres enfin garderont pour des recherches et des expériences sur la conservation des produits de l'agriculture la même indifférence qu'on garde aujourd'hui pour les recherches et les expériences que font les alchimistes pour découvrir la panacée ou la pierre philosophale; mais qu'importe, je suis résigné. Il est un témoignage que personne ne pourra me ravir, c'est celui de ma conscience; et ce témoignage me met au-dessus de la calomnie même. J'aurai donc fait ce que je dois, et advienne ce que pourra.

M. le chevalier Dubouchet, rédacteur du journal l'*Économiste*, auquel j'avais communiqué mon manuscrit pour en faire l'objet d'un simple article dans ce journal, m'a demandé à insérer dans l'imprimé des notes que lui avait suggérées la lecture du manuscrit; ayant accueilli sa proposition avec reconnaissance, on trouvera ces notes aussi intéressantes que scientifiques dans le cours de l'ouvrage.

NOUVEAU

MODE DE CONSERVATION

DES

PRODUITS DE L'AGRICULTURE.

« L'AGRICULTURE, dit Liger, est l'art d'obliger la terre à rendre à l'homme toutes les richesses qu'elle lui donnait avant le péché originel. » Elle est la mère nourrice de tous les hommes; elle les fait jouir de tout l'Univers; elle embrasse toutes les sciences; elle est la source de toute prospérité; elle est par conséquent digne d'intéresser tous les états, depuis la houlette jusqu'au sceptre : je m'en suis donc aussi occupé, et deux circonstances fortuites m'ont fait créer un établissement pour la conservation de ses produits par un nouveau mode. L'objet de cette Notice est de faire connaître la théorie de ce nouveau mode de conservation et d'appeler l'attention publique sur les avantages que l'on pourrait en retirer.

L'une des circonstances qui m'ont fait créer l'établissement dont il s'agit, est l'arrivée des Cosaques du Don à Paris, et l'autre la possession d'un rocher près de la Capitale. En 1814, arriva la première invasion des alliés, les habitans des environs de Paris furent surpris par eux; on les croyait encore loin de nos murs lorsque leurs armées apparurent dans les plaines des Vertus et de Charenton et sur les hauteurs de Ménilmontant et de Belleville. Alors effrayés par le bruit des armes, les habitans de la campagne se hâtèrent de faire entrer dans la Capitale ce qu'ils avaient de plus précieux dans leurs maisons.

Je possède à Ivry-sur-Seine une propriété, qui se trouve située sur le penchant de la colline du village, et qui est élevée à plus de vingt pieds au-dessus du niveau de la rue. Sous la superficie du terrain en dépendant, se trouve le rocher dont j'ai parlé. Dans ce rocher avait été ouverte très-anciennement, avec une sorte de luxe, une carrière à bouche, qui donne sur la basse-cour, et qui n'avait été exploitée qu'à une très-petite profondeur.

Je voulus, en 1814, imiter l'exemple qui m'était donné par tous les habitans du village, et faire entrer dans Paris ce que j'avais de plus précieux dans ma maison de campagne, entre autres choses, je voulus y faire entrer huit pièces de vin de Beaune nouveau; mais, faute de moyens de transport, je ne pus envoyer que deux pièces en dépôt à la Halle aux vins, et, dans la précipitation, je fis rouler les autres pièces dans la carrière dont il s'agit, où je fis également cacher des provisions de grains et de farines. A peine cette cachette était-elle faite, que les Cosaques envahirent ma maison; ils s'y installèrent en bon nombre et y séjournèrent pendant quatre mois; toutes les provisions qu'ils trouvèrent furent consommées; mais, chose étonnante, c'est que, soit par un sentiment de crainte, soit par tout autre motif, ils ne se sont point avisés, pendant tout le temps de leur séjour, d'entrer dans la carrière où étaient déposés les six pièces de vin, les grains et les farines; cependant la porte était restée constamment ouverte, seulement tous ces objets étaient recouverts par des gravois.

Lorsque les hôtes des bords du Don furent partis, et qu'on fut un peu rassuré, j'allai voir dans la carrière ce qu'étaient devenues les provisions que j'y avais enfouies. Je fus agréablement surpris en retrouvant intactes toutes ces denrées, et je le fus bien davantage encore en goûtant les vins; car ils avaient perdu leur âpreté naturelle et s'étaient sensiblement bonifiés. J'envoyai chercher aussitôt les deux pièces du même vin que j'avais mises en dépôt à la Halle aux vins de Paris, je le comparai avec celui qui avait été conservé dans la carrière; mais je le trouvai entièrement détérioré. Cette différence dans les qualités du même vin, par cela seul qu'il avait été logé dans des caves différentes, me donna l'idée de faire à dessein ce que j'avais fait d'abord sans y penser. Je fis donc des expériences comparatives, et toutes me confirmèrent cette vérité: que les vins conservés dans des caves naturelles, réunissant les conditions que j'indiquerai, acquièrent toujours une plus-value de bonification qu'ils ne peuvent acquérir dans des caves artificielles, placées dans des conditions différentes. L'état dans lequel je retrouvai le grain et la farine déposés dans la carrière me fit soupçonner que la cause qui avait conservé et bonifié les vins pourrait bien être favorable à la conservation des grains et à la bonification des farines. Je fis donc aussi des expériences comparatives sur ces denrées précieuses, et elles furent assez satisfaisantes pour m'encourager à les renouveler plus en grand. De ces simples faits, je pus déjà prévoir qu'un rocher de pierre calcaire, sain et vierge, dont les accès seraient commodes et faciles, situé sur-tout à la porte de la Capitale, devait être une localité infiniment convenable pour créer un établissement, à l'effet de résoudre le problème de la conservation indéfinie des produits de l'agriculture, et notamment celle des grains et des farines. Toutefois, il ne faut pas entendre ici, par conservation indéfinie, une conservation qui n'a point de fin, parce que c'est une loi de nature que tous les corps végétaux se désorganisent et se décomposent aussitôt qu'ils sont arrivés à leur maturité, mais une conservation qui retarde cette décomposition, qui soit plus longue que celle qu'on obtient par les moyens vulgaires, et assez longue surtout pour suppléer aux mauvaises récoltes, et empêcher une disette et même une trop grande cherté.

L'établissement qu'une circonstance fortuite m'a fait créer à Ivry est donc un entrepôt souterrain, qui peut servir d'entrepôt expérimental et modèle pour la conservation des produits de l'agriculture. Cet établissement consiste, pour la conservation des vins et autres liquides, en caves à double courant d'air, taillées dans le roc; et pour la conservation des grains et des farines en greniers clos souterrains, les uns exécutés dans la masse même, les autres en bois, et d'autres en pierre de taille. Toutes mes expériences ont été faites de concert avec des propriétaires de la Bourgogne, de Bordeaux, de la Champagne, du Languedoc, etc., pour nous assurer de la conservation et de la bonification des vins. Des meuniers et des boulangers ont été pareillement appelés à constater l'efficacité de mes procédés employés à la conservation des blés et des farines et même des avoines.

Ces expériences eurent, dans le temps, quelque publicité, plusieurs savans distingués les ont suivies avec intérêt. Un ancien ministre, M. le duc de Bellune, qui, à l'exemple des Cincinnatus, des Scipion, des Coligny et du Grand Condé, n'a pas cru déroger en se livrant à l'agriculture, prit aussi une part directe à mes recherches, en envoyant en conservation, dans mes silos, des avoines pour le compte du ministère de la guerre. Malheureusement, à cette époque, je n'avais point encore inventé mes greniers clos, dont je donnerai la description, et la conservation, quoique satisfaisante, laissa à désirer. Je dois dire que le public applaudit singulièrement à la sollicitude du ministre dans cette circonstance, que son nom fut béni et répété avec enthousiasme lorsqu'on versa l'avoine dans les silos, et lorsqu'on l'en retira pour s'assurer de son état de conservation. M. le comte de Villèle et M. le vicomte de Martignac, avec lesquels j'ai eu occasion d'avoir des rapports, relativement à la permission que je sollicitais d'ouvrir, près de cet établissement, une salle d'adjudication pour la vente sur publications volontaires des produits de l'agriculture, à l'instar de la Chambre des notaires de Paris, sentirent bien, l'un et l'autre, qu'une meilleure méthode que celle usitée pour la conservation de toutes les denrées, mais particulièrement pour les grains et les farines, était impérieusement réclamée, et que, sous ce rapport, mon nouvel établissement pouvait être d'une grande utilité; mais ils ne comprirent pas bien l'établissement en lui-même, parce que, effectivement, il faut le voir pour le comprendre parfaitement. Je n'ai, au reste, qu'à me louer des rapports que j'ai eus avec ces deux hommes d'État.

M. le Préfet de la Seine, qui, dans l'origine, était très-partisan des silos, prit un véritable intérêt à mes premières expériences, il assista même à l'ouverture de la première; mais, ayant probablement reconnu avec moi, par les expériences qui furent faites sous ses auspices pour le compte de la ville de Paris, et par celles que fit plus tard M. Ternaux pour son propre compte, que jamais on ne réussirait à conserver, avec succès, les grains dans nos climats, par le moyen des silos *creusés dans la terre;* et croyant peut-être que, pour mes nouvelles expériences, je faisais encore usage des fosses creusées dans le sol, il a cessé de donner des marques d'intérêt à ces expériences.

La classe de la société qu'on désigne sous le nom de *bourgeoise*, qui peut bien supporter la charge du surenchérissement, et se procurer du pain avec de l'argent, quelle que soit la cherté, a, sauf quelques exceptions, conservé une parfaite indifférence pour toutes ces sortes d'expériences; mais il est une autre classe qu'on nomme la *classe du peuple*, qui, sentant sans doute que c'était particulièrement pour elle que les expériences avaient lieu, les suivait avec un intérêt dont j'ai été moi-même plus d'une fois surpris. Une chose digne de remarque, c'est que beaucoup plus d'étrangers de distinction sont venus visiter l'établissement, que de Français; et cependant il n'avait point encore acquis cette publicité que nous lui avons donnée depuis quelque temps. Parmi les étrangers qui se sont rendus à Ivry, on distinguait des Anglais, des Russes et des Américains.

Depuis long-temps, beaucoup de personnes de bien me sollicitaient pour que je publiasse la théorie de mes caves *à double courant d'air*, celle de *mes greniers clos* et enfin le résultat de mes expériences. Je n'avais pas cru devoir céder à leurs instances, parce que j'ai toujours pensé que pour écrire sur une science quelconque il fallait attendre que l'expérience eût confirmé l'infaillibilité des résultats; mais aujourd'hui que dix ans d'essais et de tâtonnemens m'ont conduit à faire des applications qui, si je ne me fais illusion, ne laissent aucun doute sur le succès, j'ai pensé que je pourrais, sans paraître téméraire, soumettre à la méditation et à la discussion du public mes procédés, en réclamant son indulgence.

Déjà, par une lettre insérée dans le n°. 31 de l'*Economiste*, j'avais publié la théorie de mes caves et annoncé que je publierais par la même voie celle de mes greniers clos ; j'avais même satisfait à mon engagement à cet égard envers le public, en adressant à M. le rédacteur de l'*Economiste* une seconde lettre, dans laquelle j'exposais le système de mes greniers clos et les résultats de mes expériences; mais le conseil de rédaction de cette feuille trouva le sujet d'un si haut intérêt, qu'il pensa qu'au lieu de confier mon mode de conservation aux feuilles fugitives d'un journal, il serait plus à propos de réunir mes faits et mes expériences dans une modeste brochure, que pourraient se procurer tous ceux qu'un pareil sujet intéresserait. Ce conseil m'engagea donc fortement à réunir dans un seul traité le sujet de mes deux lettres. J'avoue qu'au premier abord j'éprouvai quelque répugnance à suivre cet avis, parce que si j'ai un instant envisagé ce sujet comme ayant un intérêt majeur pour la société, j'ai toujours craint de prendre la plume, attachant peu d'importance à mes écrits, qui n'ont d'autre mérite que celui d'être faits selon ma conscience. J'ai enfin cédé, n'ayant pas cru devoir me refuser aux sollicitations de personnes estimables, de savans distingués, qui, dans leurs instances, n'étaient dirigés que par l'amour du bien public. J'ai donc déféré à leurs pressantes sollicitations; c'est à eux que l'on doit cette faible production. Mais avait-on besoin d'un nouvel entrepôt pour recevoir les vins et autres liquides qui sont dirigés, chaque année, par les propriétaires de vignobles et les commerçans, sur la ville de Paris, liquides destinés à l'approvisionnement de cette ville et des départemens du nord, et quelquefois pour l'étranger? Avait-on sur-tout besoin d'un meilleur mode de conservation pour ceux de ces vins qui ne sont point adressés à destination et qui sont exposés à séjourner souvent long-temps dans les entrepôts en possession de les recevoir? Avait-on besoin de nouveaux greniers pour recevoir, en dépôt de conservation, les grains et les farines qui sont destinés à l'approvisionnement de la Capitale et de sa banlieue? Avait-on besoin enfin d'un meilleur mode de conservation des grains et des farines que celui usité dans les dépôts et greniers ordinaires?

Telles sont les questions que je me suis faites souvent avant de m'engager dans l'entreprise de mon établissement. Je savais que pour ce qui est des vins et autres liquides il ne manquait pas dans la banlieue de magasins pour les recevoir. Il y en a à Bercy, à la Villette, à la Chapelle, à Neuilly, à Passy, etc.; mais ce ne sont généralement que de simples celliers, très-convenables, sans doute, pour loger les vins qui arrivent à Paris, à destination ou pour transit et qui ne doivent point y séjourner long-temps, mais nullement convenables pour conserver ceux qui peuvent ou doivent y séjourner quelque temps, parce qu'ils ne tardent pas à s'y détériorer, comme j'en ai donné la preuve. Il est vrai de dire que la ville de Paris élève dans son intérieur, pour recevoir les vins, une halle qui, par son étendue, pourrait suffire à tous les besoins, et qui semble devoir réunir davantage les conditions d'une bonne conservation, en ce que les magasins sont des celliers voûtés, moins sujets aux variations de la température que ne le sont les magasins de Bercy, de la Villette, de la Chapelle, etc.

Malgré cela, les vins fins et précieux, qui par leur nature sont faibles et délicats, ne s'y conservent pas long-temps sans y éprouver une détérioration plus ou moins sensible, et le déchet d'évaporation sur ces vins y est ruineux, et dans beaucoup de ces celliers l'entretien des cercles ne l'est pas moins.

L'idée de cet établissement colossal fut conçue sous le gouvernement de Bonaparte, elle le fut dans les vues de s'emparer du monopole de l'entrepôt des liquides. J'ignore jusqu'à quel point ces vues étaient bien politiques; car quand les gouvernans se font commerçans, les commerçans, nécessairement, veulent devenir gouvernans. Il n'était peut-être pas très-politique non plus de centraliser tout le commerce des liquides sur un même point ; car, si la confusion des langues n'était pas à craindre, comme jadis à la tour de Babel, il y avait à craindre au moins celle des liquides, et n'y avait-il pas aussi à craindre qu'il fût impossible à la plus active surveillance d'empêcher qu'il ne se glissât beaucoup d'abus dans un établissement d'une aussi vaste étendue ? Sous un autre rapport, il eût été mieux de diviser cet établissement en deux parties, et de placer l'une, par exemple, en amont de la ville, sur les bords de la haute Seine, et l'autre, en aval, comme dans la plaine de Grenelle ou à Passy : on eût par là évité l'inconvénient de faire traverser la ville à tous les vins du midi qui arrivent par la basse Seine. D'ailleurs, quelque vaste que fût cet établissement, il ne pouvait contenir tous les liquides qui arrivent à Paris : dès-lors le but était manqué, car le Gouvernement n'était point dispensé d'entretenir à toutes les barrières une armée de receveurs, de contrôleurs et de surveillans, aussi bien pour la partie qui se trouverait en entrepôt en dehors des barrières, que pour le tout, s'il y eût été entreposé. Partant, il n'y avait point de garantie contre la fraude dans la création de ce gigantesque établissement, puisque les vins et autres liquides qui restaient forcément entreposés au dehors des barrières offraient un champ assez vaste pour alimenter toute son industrieuse activité.

Il sera toujours à regretter que, puisque la ville de Paris se déterminait à faire une si énorme dépense que celle qu'exigeait la création d'un pareil entrepôt, elle n'ait pas cherché à réunir dans cet établissement l'agréable à l'utile. Ainsi, par exemple, au lieu de construire des masses de berceaux de caves, qui s'ôtent respectivement les points de vue, et qui offrent l'aspect de monumens tumulaires, on aurait désiré que les masses eussent été placées parallèlement sur tout le pourtour du terrain; qu'au milieu eût été établi un rond-point, et une fontaine vivifiante qui aurait distribué de l'eau à toutes les caves ; on aurait désiré aussi que les berceaux de caves, au lieu d'être recouverts d'une toiture en tuile, l'eussent été d'une couche de terre de sept à huit pieds d'épaisseur ; que cette couche de terre eût été plantée en bois, et qu'elle eût représenté les jardins de Babylone, de manière à faire une promenade publique, qui se serait admirablement mariée avec celle du Jardin des Plantes, qui est près de là : de la sorte, les caves auraient été beaucoup plus propres à remplir leur destination, car elles auraient infailliblement possédé à un plus haut degré la propriété des caves souterraines pour la conservation des vins. La végétation des bois plantés en dessus aurait absorbé l'eau des pluies, et la couverture n'aurait coûté aucun frais d'entretien.

Au reste, en établissant des comparaisons, loin de moi la pensée de vouloir déprécier ces établissemens, je m'empresse, au contraire, de dire que, sous le rapport de la conservation, ils sont aussi parfaits que les localités permettaient qu'ils le fussent ; j'ajouterai même qu'il eût été impossible de faire des caves au lieu de celliers : car, dans la plupart de ces localités, l'eau est trop proche de la surface du sol, et dans les autres, comme à Paris, par exemple, des caves n'auraient rien valu pour la conservation des vins, et la raison en est : 1°. que le sol de Paris est généralement imbibé, jusqu'à une certaine profondeur, d'un gaz méphitique, qui s'exhale, à sa surface, par suite d'infiltrations, et qui est contraire aux vins, puisqu'il arrive quelquefois que ce gaz asphyxie les ouvriers lorsqu'ils creusent des fosses ou même des fondations ; 2°. que la température de ces caves artificielles est toujours variable, et s'élève, dans l'été, assez haut pour exciter une trop grande fermentation des vins, et partant, leur détérioration; 3°. et que le mouvement du passage des voitures sur le pavé remue la lie, la tient suspendue dans le liquide, et provoque l'acétification.

Ainsi l'on voit que si on n'avait pas besoin de nouveaux magasins pour loger les vins et autres liquides qui arrivent à Paris à destination, ou qui ne doivent pas séjourner long-temps à l'entrepôt, on avait du moins besoin de bonnes caves pour les conserver lorsque leur séjour doit se prolonger. Bientôt je démontrerai que celles que j'ai fait exécuter dans le roc remplissent toutes les conditions requises pour la bonne conservation.

En démontrant que des caves de cette nature manquaient au commerce de la ville de Paris, j'ai démontré, par cela même, qu'on avait besoin d'un meilleur mode de conservation pour les vins, et sur-tout pour les vins fins précieux.

La ville de Paris, si riche en tout genre d'établissemens, n'a aucun grenier de conservation; car on ne peut appeler de ce nom les greniers dits d'abondance situés à l'Arsenal. L'idée de ces greniers fut encore conçue sous Bonaparte, à l'instar de ceux qui existent à Lyon. Il semble qu'en créant ces greniers on ait eu plus pour objet de faire une démonstration pour tranquilliser et satisfaire l'imagination inquiète du peuple, que de créer un établissement d'une utilité réelle ; car c'est une belle conception d'architecte que ces greniers, et ce n'en est pas une d'économiste. En effet, ils n'auraient rien laissé à désirer sous le rapport de l'architecture, de la distribution et du goût, s'ils avaient été achevés d'après le plan primitif; mais un économiste les aurait trouvés trop exposés à l'ardeur du soleil, à l'humidité et à la poussière, pour croire que les grains et les farines s'y seraient bien conservés, et l'expérience a démontré qu'il aurait eu raison; car ils n'ont pas rempli et ne rempliront pas leur objet, quoiqu'ils aient coûté plus de sept millions.

Comme ils ont été établis, ils ne peuvent servir qu'à loger les grains et les farines destinés au courant de la consommation, comme le cautionnement en nature des boulangers de Paris, qui est une bien modique réserve. Si on y formait de grands approvisionnemens, un approvisionnement de cent mille hectolitres de blé, par exemple, qu'ils pourraient contenir, en étendant le blé à trois pieds d'épaisseur sur les planchers, il est probable qu'avant la troisième année de conservation, le blé serait couvert de vers, de charançons et autres insectes, et qu'il s'y serait aussi échauffé malgré toutes les manœuvres qu'on lui aurait fait subir, étant exposé à la poussière et à toutes les variations de la température.

La ville de Paris n'a d'autres greniers de conservation que ceux de Corbeil, de Coulommiers, de Chartres, de Pontoise, de Saint-Denis, etc., et s'il arrivait que quelque événement interceptât les communications entre elle et ses greniers, elle serait aussitôt réduite à subir une famine. On a donc besoin de nouveaux greniers à Paris, et c'est un des premiers besoins de cette grande cité; car les événemens sont dans les mains de la Providence, et on ne doit pas la tenter par une trop grande imprévoyance.

En ce qui touche la question de savoir si l'on a besoin d'un meilleur mode de conservation pour les grains et les farines que celui qui existe, voici ce qui se pratique à cet égard. On conserve généralement les céréales destinées aux approvisionnemens, en tas dans les greniers; mais ce mode de conservation a plusieurs inconvéniens, d'abord celui de laisser les grains exposés aux variations de la température, qui les contractent et les dilatent alternativement, qui en divisent les parties organiques et en amènent la prompte destruction ; il a l'inconvénient de les laisser exposés à la poussière, qui s'introduit par les portes et les fenêtres, qui se dépose sur les grains et qui en excite la fermentation et en accélère la désorganisation. Il a encore l'inconvénient de les laisser exposés à la voracité d'une foule d'animaux et d'insectes, tels que les rats, les souris, les mulots, les charançons, les fausses teignes, les cadelles et les mites, qui dévorent une partie des grains, et occasionent l'échauffement des autres par la prodigieuse quantité d'excrémens qu'ils déposent dessus. On pare, à la vérité, à une partie de ces inconvéniens par des manœuvres réitérées de remuage, de pelletage, etc. ; mais, malgré ces manœuvres, toujours fort dispendieuses, il arrive souvent que le grain s'échauffe, et qu'elles n'empêchent pas les insectes de le dévorer.

On conserve le grain en sacs ; mais ce mode de conservation exige une continuelle surveillance et il ne pare qu'à une partie des inconvéniens attachés à la conservation en tas, et la dépense des sacs la rend encore plus onéreuse. En général, les cultivateurs conservent le plus long-temps qu'ils peuvent leurs grains en gerbes, dans des granges : c'est peut-être l'une des meilleures méthodes quand les granges sont bien construites, quoique les grains n'y soient point à l'abri des dégâts causés par les rats, les souris, les charançons et autres insectes : nous joindrons à cela l'incendie, dont ils ne sont point exempts. Beaucoup de cultivateurs sont dans l'usage aussi de conserver leurs grains en meules dans les champs : là, ce sont particulièrement les mulots qui font la guerre aux grains ; l'intempérie des saisons en altère aussi quelquefois la qualité ; et, en tout cas, il y a toujours dans ce mode de conservation un déchet plus ou moins considérable ; et, dans les hivers pluvieux et humides, on trouve des meules entièrement détruites par les mulots.

Autrefois les farines se conservaient en rame. Cette méthode consistait à les exposer en tas dans le grenier, confondues avec les gruaux et les sons. On les a ensuite conservées en garenne : cette pratique consistait à les répandre en couches sur le carreau et à les remuer souvent, alors elles étaient toujours blutées ; cette pratique est encore fréquemment usitée par les boulangers pour le courant de leurs cuissons.

Dans la Halle de Paris et dans les dépôts

particuliers, on les conserve en sacs empilés ; mais, par cette méthode, il arrive assez souvent qu'elles s'échauffent et se gâtent : dans les grandes chaleurs, il suffit d'un orage, pour que le fluide électrique les pénètre et les détériore ; c'est quelquefois l'affaire de vingt-quatre heures.

La meilleure de toutes les méthodes est, sans contredit, celle que la ville de Paris a adoptée, qui est de les conserver en sacs isolés, disposés, dans les magasins, de manière que l'air circule aisément autour des sacs ; mais il faut avoir des locaux immenses, et avec cette bonne méthode il faut encore continuellement visiter les sacs, les retourner souvent sens dessus dessous, les sonder ; il faut que ce soit de la farine de qualité supérieure pour qu'on la conserve dix-huit mois ou deux ans au plus, rarement on la conserve au-delà de six mois ou un an. C'est par suite de cette difficulté de conserver les farines que souvent on est obligé de repasser les anciennes dans les meules et de les mélanger avec de nouvelles pour les faire servir à la consommation ; mais alors elles ont perdu leurs qualités nutritives, heureux si elles ne sont pas devenues malfaisantes !

A cette faible esquisse de tous les inconvéniens attachés aux divers modes de conservation usités, chacun comprendra sans doute aisément que l'un des plus grands services que l'on pourrait rendre à l'humanité, ce serait de trouver un mode de conservation meilleur que tous ceux qui sont en usage ; car il n'en est pas de nos grains, qui nous viennent par le travail et que la terre nous a donnés à la sueur de notre front, comme de la manne, qui fut donnée gratuitement par le Ciel aux enfans d'Israël. Il était défendu de garder celle-ci pour le lendemain ; mais il ne nous est pas défendu de garder la surabondance de nos blés, dans les années de fertilité, pour les années de stérilité. L'exemple de Joseph, en Egypte, nous enseigne, au contraire, qu'il sera toujours d'une sage prévoyance de les conserver soigneusement.

Cependant quelques prétendus économistes pensent qu'on n'a point besoin en France de meilleure méthode de conservation que celle qui existe. Selon eux, l'agriculture produit beaucoup trop; il y a exubérance de grains, et on peut bien perdre tous les déchets qu'on abandonne aux avaries et aux insectes par les méthodes ordinaires. C'est même, à les entendre, une espèce d'encouragement pour l'agriculture, en ce que ces déchets élèvent et soutiennent les prix dans l'intérêt des propriétaires et des fermiers. Pour démontrer tout le danger qu'il y aurait de s'endormir sur la foi de tels raisonnemens, sans me jeter dans les calculs de la quantité d'hectares que la France possède en culture ; de la quantité d'hectolitres de grains qu'elle récolte année commune ; de la quantité qu'il lui faut pour les semences, et de celle qui lui reste pour la nourriture de ses habitans et sa consommation, comme l'ont fait les Lavoisier, Turgot, comte Chaptal et autres, il me suffira d'observer que, dès qu'il y a une récolte médiocre, la rareté et la cherté se font sentir, et que si après une récolte médiocre il en survient une mauvaise, il y a disette ; témoin les années 1816, 1812, 1803, 1793 et 1788.

Mais laissons un instant parler M. Rubichon, sur la possibilité de l'insuffisance des récoltes de blé, en son *Traité de l'Angleterre*, tome II, page 243. « Quand nos grands hommes, dit-il, » assurent que la France se suffit, ils ne nous » disent pas qu'une partie de ses habitans n'ont » qu'une nourriture inférieure en quantité et » qualité à celle des animaux en Angleterre ; » mais si les Français ne mangeaient, comme » les Anglais, que du pain blanc de froment et » buvaient comme eux de la grosse bière, je » calcule que la France ne produirait que la

» sixième partie de sa consommation en grains.» Ainsi il ne faudrait qu'une révolution dans la manière de se nourrir des classes inférieures de la société, pour que la France ne pût plus se suffire en grains. Eh qui n'a observé que cette révolution s'opère insensiblement, tous les jours, dans les habitudes des Français ? Qui n'a observé que les ouvriers et les cultivateurs même, qui se contentaient autrefois de pain bis, ne mangent plus que du pain blanc; que les enfans, enfin, dédaignent aujourd'hui la nourriture dont se contentaient leurs pères ? D'autres ont prétendu qu'à tout bien prendre, il n'y pas d'intérêt à faire des réserves de grains, parce que, disent-ils, terme moyen, la France n'éprouve de disette ou de cherté que tous les sept ans; qu'en achetant, pour mettre en conservation dans les années d'abondance, on ne pourrait se flatter de se procurer de bon blé à moins de 14 à 15 fr. l'hectolitre, soient donc. . 15 francs.

qu'il ne pourrait coûter moins de 1 fr. par an, par hectolitre, pour la conservation, ce qui ferait, pour les sept ans. 7

Et ensemble. . 22 francs.

A quoi ajoutant l'intérêt à 5 pour

Ci-contre. . .	22	francs.
100 de cette mise de fonds de 22 f., qui est par an de 1 fr. 90 c. et pour sept ans de.	7	63
L'hectolitre reviendra, au bout de sept ans, à.	29	63

Or, qu'il pourrait arriver que, même à la septième année, le cours ne s'élevât pas à ce taux : d'où il suit que ceux qui auraient formé une réserve pourraient se trouver en retour.

Outre qu'on pourrait bien nier la justesse de ces calculs, parce que, bien certainement, dans la période de sept ans, il y aurait plus d'une chance de vendre et de remplacer à bénéfice le blé de la réserve, puisque, au moment où j'écris, qui n'est point un temps de disette, le cours est de 24 fr. l'hectolitre, terme moyen. Est-ce donc à dire que, parce qu'il n'y aurait pas d'intérêt à former des réserves de grains sous le rapport pécuniaire, il faudrait s'exposer à laisser compromettre, par une disette plus ou moins éloignée, mais inévitable suivant les souvenirs de l'histoire, la tranquillité publique, la sûreté de l'État et la vie des pauvres, comme en 1816, où, suivant M. Laboulinière, en son *Traité de la surabondance et de la disette*, vingt-cinq mille personnes périrent de faim et de misère, des suites de séditions et de procès occasionés par la disette, et où l'on vit des familles entière réduites, dans la Franche-Comté et la Bourgogne, à brouter l'herbe pour assouvir leur faim.

Quelle est donc cette philantropie qui porte les Français à faire des sacrifices d'argent pour défendre la cause sacrée de l'humanité, en faveur des Philhellènes, des esclaves de l'Afrique, des forçats des bagnes, etc., et qui, par un intérêt pécuniaire malentendu, ne leur donnerait pas la prévoyance de la fourmi pour préserver leur nation des calamités d'une disette ?

Les objections qu'on produit contre la nécessité de chercher un meilleur mode de conservation des grains et des farines, ne détruisent donc pas, comme on l'a vu, cette nécessité. Il ne faudrait qu'une mauvaise récolte, pour qu'on la sentît davantage ; mais on la sentirait alors peut-être avec des regrets. Le cas arrivant, on verrait tout le monde se faire économiste ; chacun se demanderait pourquoi on n'a point formé de réserves. On improviserait des mesures, qui, par cela même qu'elles auraient été improvisées, produiraient un effet tout contraire à celui qu'on en attendait. L'abondance renaîtraitelle ? on n'y penserait plus. La même imprévoyance renaîtrait avec elle. Veuille donc le ciel, dérogeant aux lois de la nature, qui ont jusqu'ici gouverné les saisons, rendre mes craintes chimériques !

Quoi qu'il en soit, les questions que je me suis faites pour créer un nouvel entrepôt se résolvent d'elles-mêmes de la manière suivante : Si l'on n'avait pas besoin d'un entrepôt nouveau pour recevoir les vins qui arrivent à Paris à destination ou par transit, et qui ne doivent séjourner que peu de temps, la nécessité se faisait chaque jour sentir d'avoir un entrepôt unique pour mettre en conservation les vins qui n'ont point de destination ou qui doivent séjourner pendant un temps indéterminé.

Si on n'avait pas besoin de nouveaux greniers pour recevoir les grains et les farines destinés au courant de la consommation, parce que ces grains et ces farines ne faisant que passer, les greniers existans suffisaient au service, on avait besoin de greniers de conservation pour les approvisionnemens et les réserves qu'il est toujours prudent à un gouvernement de faire.

Si enfin il existe des entrepôts de passage et de réception, il n'en existe point de conservation.

Donc la nécessité d'avoir des caves et des greniers de conservation justifie la création de mon établissement à Ivry. Nous allons examiner, dans les paragraphes suivans, s'il remplit l'objet que je me suis proposé. Je vais premièrement m'occuper de la conservation des vins, et je passerai ensuite à celle des grains et des farines.

§ Ier. *De la conservation des vins.*

Le vin proprement dit est un liquide spiritueux, qui provient du suc de raisin. Ses élémens se composent d'eau, d'alcool, d'acide carbonique, d'acide nitrique, de sucre, de lie, de divers sels et d'un corps colorant aromatique et résineux. Ces élémens ne se trouvent pas en même proportion dans tous les vins. Les proportions varient, au contraire, suivant la nature de la vigne qui le produit; suivant la nature et l'exposition du sol où est plantée la vigne; suivant les influences atmosphériques du climat où elle croît. Aussi, il y a toujours des différences extrêmement variées dans la nature et la qualité des vins.

Le vin, considéré comme boisson, arrive à son degré de perfection par le moyen d'une fermentation insensible qui s'opère en lui-même, qui le dégage de son excès d'acide carbonique, qui décompose et fait disparaître son sucre, qui volatilise une partie de son alcool; qui fait déposer, en vieillissant, ses parties solides, et particulièrement sa lie et son tartre, et qui, dès-lors, le clarifie. Tout l'art de conserver et de bonifier le vin consiste donc à favoriser cette fermentation de manière à ce qu'elle ne s'opère pas avec trop d'effervescence ni avec trop d'inertie. Comme la chaleur est l'agent principal de la fermentation, il est évident que la fermentation s'opère toujours à raison de la température à laquelle les vins sont exposés. Ainsi, s'ils sont exposés à une températnre trop élevée, la chaleur volatilisera et fera évaporer tout leur alcool, qui donne au vin sa force et sa propriété d'enivrer, et alors la fermentation spiritueuse tournera à l'acide et le vin à l'aigre. Si, au contraire, les vins sont exposés à une température trop basse, ils ne se feront point; la partie sucrée tiendra leurs lies dans un état de dissolution, qui les empêchera de se clarifier et qui leur fera contracter des maladies.

Il est aisé de comprendre maintenant que la bonne conservation et la bonification du vin dépendent de la régularité de la fermentation, et que celle-ci dépend de la température à laquelle ils sont exposés. Il n'est donc pas indifférent de placer les vins dans des magasins où la température est variable, ou dans des magasins où elle est invariable ; car, dans les uns ils ne peuvent que se détériorer, et dans les autres ils ne peuvent que se bonifier.

Cependant l'invariabilité de la température à laquelle on expose les vins n'est pas la seule condition de la bonne conservation, il faut encore que le sol où sont établis les magasins destinés à les recevoir soit d'une sanité parfaite; il ne faut pas qu'il s'y rencontre la moindre odeur méphitique ou délétère, et l'on doit en écarter soigneusement tous les corps hétérogènes sujets à une fermentation acide ou putride, car les vins sont très-susceptibles et toute odeur malfaisante les gâte.

C'est après avoir reconnu qu'il n'existe dans la Capitale aucun magasin qui réunisse complétement ces deux conditions d'une température invariable et d'un sol d'une sanité parfaite, que j'ai cru faire une chose agréable au commerce et utile à cette ville célèbre, en profitant des avantages de localité que j'avais, pour y faire exécuter des caves dans le roc, qui rempliraient, au suprême degré, les deux conditions d'une bonne conservation, et où, en conséquence, les vins les plus délicats pourraient se conserver long-temps sans éprouver aucune détérioration, où, au contraire, ils se bonifieraient sensiblement, et où ils se conserveraient enfin sans presque subir aucun déchet d'évaporation.

J'ai donc fait exécuter de telles caves, et en assez grand nombre pour y recevoir déjà en dépôt de conservation une certaine quantité de pièces de vin ou d'autres liquides, et pour y établir un entrepôt important, puisque, dans leur état actuel, elles pourraient contenir plus de dix mille fûts; j'ai ménagé du terrain pour augmenter le nombre des caves du double si cela devenait nécessaire dans la suite des temps, et le service en est aussi commode qu'économique, car les voitures entrent dans la localité de plein-pied et y amènent, par des routes souterraines, les vins jusqu'à la grille de chaque cave. Mais il ne faut pas croire que j'aie amené de prime abord ces caves au dernier degré de perfection sous le rapport de la conservation et de la bonification des vins. Pour y arriver, j'ai dû étudier le sujet, non pas dans les livres, mais dans la manière d'opérer des lois de la nature; et c'est ce que j'ai fait.

Ainsi, par exemple, j'ai d'abord fait tailler dans le roc des rues de la largeur que comportait la solidité du ciel de la carrière, sans autre issue que l'entrée, et ces rues constituaient mes caves. J'y ai mis en conservation, comme expérience, des vins de Bourgogne, de Languedoc et de Bordeaux; mais j'ai reconnu deux inconvéniens graves dans ce système de caves. L'un, c'est que celles où l'air ne circulait et ne se renouvelait point continuellement, étaient pourrissantes et occasionaient une dépense de cercles ruineuse; l'autre, c'est que les vins qui s'étaient parfaitement conservés tant qu'ils étaient restés dans ces caves, se tuaient et se détérioraient dès qu'ils en étaient sortis, et qu'ils étaient exposés à l'air extérieur: ils saisissaient probablement avec trop d'avidité l'oxigène dont ils avaient été privés en partie pendant leur séjour dans les caves, et ces vins n'étaient pas susceptibles de supporter de longs voyages. Toutefois, cette influence de l'air libre se faisait sentir bien plus sensiblement sur les vins de Bourgogne que sur ceux de Languedoc et de Bordeaux. De ces observations, j'ai déduit la conséquence que si j'établissais dans mes caves des courans d'air combinés, en perçant d'outre en outre la masse à des distances données, nécessairement je ferais disparaître les deux inconvéniens que j'ai signalés d'après l'épreuve. J'ai vu avec plaisir que ma combinaison était couronnée d'un plein succès ; car, du moment où j'ai eu établi des doubles courans d'air, mes caves ont cessé d'être pourrissantes. Elles ont fait moins de dépenses de cercles que n'en font les meilleures caves, et les vins qui y avaient séjourné ont pu supporter en sortant l'air extérieur et les voyages sans se tuer ni se détériorer.

Voici maintenant les résultats de ce système de caves : un locataire avait déposé dans l'une trente-six pièces de Beaune, tournées à l'aigre, et qu'il destinait à faire du vinaigre ; il les avait achetées à Bercy pour le prix de 10 fr. la pièce. Il laissa ces vins dans la cave pendant six mois, et au bout de ce temps, lorsqu'il vint pour les prendre, il ne fut pas peu étonné de trouver qu'ils s'étaient entièrement rétablis dans leur nature primitive. Il les vendit avec avantage pour la consommation. En 1823, M. Mongin, propriétaire d'une partie du clos de Chambertin, avait envoyé douze pièces de vin de son cru à la Halle aux vins de la ville de Paris, voulant éprouver mes caves, il y envoya huit pièces, qu'il fit retirer de celles de la Halle, où il laissa les quatre autres. Dix-huit mois après, il eut occasion de vendre à la même personne et les huit pièces déposées chez moi, et les quatre qui étaient restées à l'Entrepôt, avec cette différence que les premières furent vendues 40 fr. de plus par pièce, à raison de la plus-value ou bonification qu'elles avaient acquise dans les caves d'Ivry.

M. de Trinquelagues, premier président de la cour royale de Montpellier, envoya des vins de ses récoltes dans les caves d'Ivry. Il a trouvé qu'ils s'y étaient sensiblement bonifiés. M. le chevalier de Joannis a encore aussi en ce moment, dans ces caves-modèles des vins de ses récoltes. Ils étaient arrivés très-fatigués et en mauvais état; il reconnaît qu'ils se sont parfaitement refaits et qu'ils ne sont plus reconnaissables. M. Brunet de la Chapelle, de Beaune, a, dans ces mêmes caves, des vins fins de son cru, des récoltes de 1819 et 1822, et il serait difficile de trouver des vins mieux conservés, même en Bourgogne, etc.

En un mot, de l'opinion de tous les *œnologues*, les caves d'Ivry sont au-dessus de tout éloge par leur propriété de conserver et de bonifier les vins.

De tous ces faits je me crois autorisé à conclure que les caves font le bon vin, et que la sanité, la situation et la disposition du sol, la pureté et le renouvellement continuel de l'air, le degré et l'invariabilité de la température et la tranquillité du terrain font les bonnes caves. C'est d'après ces conditions que j'ai établi les miennes, et c'est d'après ces conditions aussi que, sous le rapport de la science, je crois avoir complétement atteint mon but. Reste maintenant à savoir si ce qui est bien dans ce genre d'établissement est utile avec les habitudes qu'ont prises les habitans de la Capitale, et cela est au moins douteux; car aujourd'hui les Parisiens n'attachent aucune importance à la qualité du vin qu'ils boivent. Au milieu du luxe de mets qu'ils étalent sur leur table, ils n'offrent généralement, même dans les meilleures maisons, que des vins mixtionnés, et quelquefois sophistiqués, et on n'a pas besoin de bonnes caves pour conserver de tels vins, qui se font au fur et à mesure de la consommation, et qui sont toujours du cru, de l'année, de la qualité, de la couleur et du goût que le désirent les amateurs. Mes caves ne peuvent donc convenir qu'au petit nombre de propriétaires qui tiennent encore à la réputation de leurs vins, et, pour le transit, aux négocians qui font leur commerce au dehors de Paris, comme dans le nord de la France et à l'étranger, où l'on tient encore à la qualité du vin.

Le vin est un don précieux du ciel, qui fut apprécié des anciens peuples; car on voit dans l'histoire que les Gaulois firent la guerre pour s'emparer des premières vignes que les Romains avaient plantées sur les bords du Pô, et les Francs, à leur tour, s'emparèrent de la Gaule pour avoir les vignes de Bourgogne. Probablement parce que la culture de la vigne s'est propagée et que le vin est devenu moins rare de nos jours, on ne sent plus le prix de ce nectar bienfaisant, qui porte la gaîté dans l'âme ; on ne veut plus le faire servir sur les tables tel que la nature l'a donné; on ne nous le présente plus que lorsqu'il a été gâté par les mains des hommes. A voir cette préférence que les Parisiens donnent aux vins mixtionnés sur les vins naturels, il semblerait que la fraude est devenue meilleur chimiste que la nature dans l'art de composer les élémens des vins; mais, erreur funeste qui est devenue la cause d'une foule de maladies, inconnues chez les anciens, et qui est décourageante pour l'agriculture! Autant le vin pris en petite quantité est salutaire à la santé, autant il est dangereux pris avec excès; autant le vin naturel restaure les forces, autant le vin frelaté les détruit; le vin sophistiqué altère les principes de la vie jusque dans leur source (1). L'Administration ne sau-

(1) Le vin falsifié change le caractère des individus, et je puis assurer que cette vérité n'est pas exagérée. On ne

rait donc jamais être trop sévère pour empêcher ce genre de fraude; mais le moyen le plus simple que le Gouvernement aurait de l'empêcher, ce serait de diminuer considérablement les droits qu'il perçoit sur les entrées dans les grandes villes; car alors il y aurait beaucoup moins d'intérêt à faire la fraude, et il y aurait beaucoup plus de familles qui feraient leurs provisions de vin. Il y a une sorte d'inhumanité à empêcher que de nombreuses familles d'ouvriers qui ont de l'économie et de l'ordre ne puissent cependant pas atteindre au bien-être de se procurer du vin à boire à leurs repas dans leurs ménages, même dans les années d'abondance, parce que les droits d'entrée sont trop élevés et au-des-

---

saurait croire les mauvais effets et les nombreuses maladies qu'occasione l'usage continuel du vin frelaté. Que d'ouvriers bien portans et même sobres ont vu, à Paris, leur santé se détériorer peu à peu sans en connaître la cause! mais pour nous, nous ne pouvons l'attribuer qu'à l'usage journalier de ce poison lent. Le mauvais vin donne à l'haleine de ceux qui en font usage une odeur vineuse, de lourds rapports aigres, de légères et continuelles douleurs de tête, des étourdissemens et parfois des nausées. Ces vins amènent tôt ou tard des obstructions dans le foie, dans les glandes du mésentère et enfin des inflammations chroniques de tous les organes. (*Note de M. Dubouchet.*)

sus de leurs faibles moyens. Leur malheur n'est pourtant peut-être pas encore dans ce qu'elles sont privées de boire du vin à leurs repas, dans leur ménage, au milieu de l'abondance qui règne dans le pays; mais il est plutôt dans ce que, pour se dédommager d'une telle privation, elles vont, les dimanches et les jours de fête, au dehors des barrières, perdre leur santé et corrompre leurs mœurs dans les mauvaises écoles de cabaret, dont elles deviennent les tributaires.

Il est bien à regretter aussi que le Gouvernement ne cherche pas, dans de sages combinaisons, le moyen d'établir un droit d'octroi proportionnel à la valeur des vins; car il me semble que faire payer, par exemple, un droit d'entrée de 52 fr. à une pièce de vin d'Auxerre, qui coûte 30 à 36 fr., à Bercy, et qui entre dans Paris; et ne faire payer que le même droit à une pièce de vin de même jauge du clos Vougeot, qui coûte 1200 fr., et à une pièce de vin du clos de Chambertin, qui coûte 600 fr., la balance n'est pas égale. Enfin j'ai cru remarquer aussi que la perception du droit pourrait être organisée d'une manière plus simple et moins sujette à l'arbitraire qu'elle ne l'est; car elle oblige les commerçans à des démarches multipliées, à des dégoûts et à des pertes de temps fâcheuses.

Au reste, je suis personnellement fort désintéressé dans les observations que je me permets de hasarder ici, car je n'ai point l'intention de me faire marchand de vin, quoique je m'honorerais de cette profession comme de toute autre; mais je les fais dans l'intérêt public et parce que je les crois aussi dans l'intérêt mieux entendu du Gouvernement. Puissent-elles amener un jour quelque amélioration dans cette partie de l'éconemie politique! Pour en faire connaître la nécessité, je ne signalerai qu'un seul des inconvéniens des lois qui régissent la matière, quoique j'en pourrais signaler plusieurs : par exemple, suivant la jurisprudence de ces lois, et notamment des lois de finances de 1816 et 1817, de l'ordonnance du Roi du 11 juin 1816, de la loi du 22 août 1791, etc., l'entrepositaire, qui n'est qu'un simple dépositaire, est, à l'égard de la Régie, considéré comme le véritable propriétaire des vins et autres liquides d'autrui qui sont envoyés en dépôt de conservation dans ses magasins, et, comme tel, il est, pour la responsabilité et le paiement des droits, assimilé au marchand de vin, quand même il ne posséderait pas une seule piece de vin à lui.

Ces lois fiscales n'ont donc aucun égard à la nature du contrat qui se passe entre le déposant et le dépositaire. Et il s'ensuit que la Régie transforme arbitrairement le propriétaire qui ne vend que le produit de ses champs et le simple dépositaire de ces produits en négocians, et les place dans une catégorie où de fait ils ne sont pas, et par conséquent dans une position fausse, et de telle sorte qu'en cas de contestations ou d'erreurs les écritures de l'Administration ne peuvent pas même servir de contrôle. Ne voulant reconnaître d'autre propriétaire des vins et autres liquides que le dépositaire, ces lois déclarent donc purement et simplement, pour les vins mis en entrepôt, une communauté de biens entre la Régie et le dépositaire. La Régie prend sa part, et c'est toujours la plus claire, parce qu'elle est exempte de toutes chances, de tous droits et de tous frais, et elle est souvent plus large que la valeur du vin, et puis, pour le surplus, les parties s'arrangent comme elles peuvent; tandis que si elles reconnaissaient pour propriétaire de ces vins et autres liquides sujets aux droits celui qui en est véritablement le propriétaire, le dépositaire, comme n'en étant que le dépositaire, le négociant véritable, comme négociant, et si elles assignaient à chacun respectivement les droits et les devoirs qui naissent de sa qualité d'après les lois civiles, toutes les parties ne seraient point déplacées comme elles le sont dans le système de la jurisprudence de la Régie ; les lois fiscales se trouveraient en harmonie avec les lois civiles ; tout serait dans l'ordre ; et par cette jurisprudence, rien n'y est.

Suivant les principes du droit politique et de l'équité, il ne devrait jamais être accordé par le Gouvernement à aucune Administration publique l'autorisation d'établir une concurrence pour la création et l'exploitation d'établissemens qui, par leur nature, appartiennent essentiellement au commerce; et s'il en accordait, au moins ce ne devrait jamais être qu'à conditions égales avec les particuliers.

Cependant le Gouvernement accorde, dans certaines circonstances, de pareilles autorisations et il les accorde toujours avec des priviléges, sous le prétexte banal de l'intérêt général. Mais, qu'en résulte-t-il ? C'est que bientôt le commerce ne peut plus soutenir la concurrence contre les priviléges, c'est que le monopole des objets de la concurrence passe alors à l'administration qui l'a sollicité, et le commerce ne pouvant soutenir la concurrence, il est par cela même anéanti, et presque toujours le public y perd plus qu'il n'y gagne ; et quelquefois aussi le Gouvernement réalise en cela la fable de la Poule aux œufs d'or.

Si j'ai bien saisi les causes des événemens, c'est pour avoir voulu ainsi s'emparer du monopole du commerce que Bonaparte s'est vu, dans sa mauvaise fortune, abandonné de la masse du peuple. En effet, il ne se contenta pas du rôle, pourtant assez beau, qu'il s'était donné, celui de gouverner, il voulut encore se faire négociant, en s'emparant, sous le prétexte de l'intérêt général, comme de raison, qu'il mettait toujours en avant, et sous le nom des diverses Administrations publiques, du monopole de toutes les branches de commerce et d'industrie qu'il trouvait à sa guise. Mais bientôt le peuple s'aperçut que, par ces envahissemens, il allait le réduire à l'état d'esclavage, et de ce moment il conspira lui-même sa perte; et croit-on en effet que s'il en eût été autrement les Alliés n'auraient point été arrêtés dans leur course victorieuse ?

Certes, il restait encore assez d'énergie et de moyens en France pour les repousser ; mais, par le motif que j'ai donné, la masse du peuple désirait un changement de gouvernement et elle abandonna Bonaparte à son malheureux sort, dès qu'elle eut l'espoir de recouvrer ses

Princes légitimes. Puissent donc cet exemple historique n'être point perdu, et, dans la distribution de la justice, faire rendre au Gouvernement ce qui appartient au Gouvernement, et au commerce ce qui appartient au commerce!

J'aurais encore beaucoup de choses à dire sur le besoin qu'éprouve la nation d'une révision générale de nos lois; mais ce ne peut être l'objet de cette Notice. Je reviens à mon sujet (1).

Je vais maintenant exposer mon système sur la conservation des grains et des farines.

---

(1) Il est consolant de penser que pendant que M. Delacroix faisait d'aussi importantes réflexions sur la perception du droit d'entrée aux barrières, des députés, animés de ce zèle qui ne se refroidit point lorsqu'il s'agit de remplir leur mandat, réclamaient, dans la séance du 1er. août, à la tribune nationale, de l'Autorité supérieure, d'utiles améliorations sur un impôt qui entrave le commerce et nuit essentiellement à l'agriculture. MM. Pataille, de Leyval et Audry de Puyraveau ont prononcé sur cet intéressant objet des discours qui ont été écoutés avec la plus grande attention; ils ont, comme M. Delacroix, beaucoup appuyé sur ce que ce droit a d'exorbitant, et semble n'atteindre que la classe peu aisée de la société. (*Note de M. Dubouchet.*)

§ II. *De la conservation des grains et des farines.*

J'ai dit, dans la première partie de cette Notice, qu'il serait toujours d'une sage prévoyance de faire des réserves de grains en France; qu'on ne pourrait y parvenir sans avoir un meilleur mode de conservation que tous ceux qui ont été mis en usage jusqu'à ce jour; que par conséquent un des plus grands besoins que la France pourrait éprouver, ce serait celui d'un mode de conservation plus sûr et plus économique. Je vais invoquer ici à l'appui de mon opinion une autorité que l'on ne récusera pas, c'est celle de l'Académie des Sciences, qui, avant moi, avait reconnu combien il est importerait d'avoir un meilleur mode de conservation; car elle proposa, au concours, la solution du problème en ces termes : « Conserver beaucoup de grains dans le plus petit » espace possible, aussi long-temps qu'on le » voudra, avec peu de dépense, sans qu'il de» vienne la proie des insectes, des oiseaux, » des voleurs et des personnes préposées à sa » conservation. » Or, en créant mon établissement et en faisant toutes les expériences que j'ai faites sur la conservation des grains et des farines, c'est ce problème que j'ai cherché à résoudre : voyons si j'ai réussi. Il était évident que la solution de ce problème ne pouvait se trouver que dans un grenier clos, car il n'y avait que ce genre de grenier qui pouvait offrir le moyen de conserver le grain dans le plus petit espace possible, et le mettre à l'abri des attaques des insectes, des oiseaux, de la tentation des voleurs et de l'infidélité des personnes préposées à sa conservation; mais le grain pouvait-il se conserver en masse, renfermé dans un tel grenier sans être remué et ventilé souvent?

Si on s'en rapporte à des expériences qui ont été faites, depuis 1735 jusqu'à 1754, par MM. Duhamel Dumonceau et par M. de Châteauvieux, de Genève, avec tout le soin dont ces économistes distingués étaient capables, le blé ne peut se conserver ainsi renfermé sans se corrompre promptement s'il n'est remué et ventilé, ou s'il n'a été étuvé.

Si au contraire on s'en rapporte au dire des savans contemporains, il n'y a aucun doute que le blé se conserve parfaitement en masse sans être remué ni ventilé et même sans être étuvé. Selon eux, il suffit pour cela de le priver du contact de l'air extérieur, et on l'en prive en le conservant dans des fosses creusées dans le sein de la terre, fermées hermétiquement et connues sous la dénomination générique de *silos*. Leur opinion, à cet égard, est fondée sur ce qu'ils ont vu, qu'en Russie, en Égypte, en Sicile, en Italie, aux Indes orientales, on conservait les grains de cette manière; sur ce qu'on en a trouvé qui s'étaient conservés pendant plus de cent ans en masse, dans les magasins de la citadelle de Metz, et dans des souterrains creusés dans la terre à Sedan, et sur ce qu'enfin, en 1738, on a trouvé des blés encore assez bien conservés, qui avaient été ensevelis sous les laves du Vésuve, dans les ruines d'Herculanum, l'an 79 de l'ère chrétienne.

Ce sont donc les silos qui nous sont donnés aujourd'hui comme aussi sûrs sous le rapport de la conservation, qu'économiques sous le rapport des frais d'établissement pour former des greniers de réserve. Les silos proprement dits sont des fosses creusées en forme cylindrique ou carrée dans le sein de la terre. M. le comte Dejean a donné la même dénomination à des récipiens en plomb qu'il avait placés, non dans le sein de la terre, mais au-dessus du sol. Pour ne pas confondre les idées de deux choses différentes, sous une même expression, je préviens ici le lecteur que j'appellerai *silos*, suivant l'acception propre du mot, seulement les fosses qui sont creusées dans le sein de la terre, et que j'appellerai *greniers clos* toute espèce de récipient à clôture hermétique destiné à la conservation des grains, qui aurait été placé au-dessus du sol, et qui n'y serait point inhérent, même le grenier qui serait placé de cette manière dans un lieu pratiqué sous terre.

Dans sa sollicitude paternelle, le Gouvernement voulut donc introduire l'usage des silos en France; mais pour opérer une aussi importante innovation dans les habitudes de la nation, il fallait qu'il en démontrât les avantages; pour en démontrer les avantages, il fallait qu'il fît lui-même des expériences sur la prétendue infaillibilité de ce genre de greniers. M. le Préfet de la Seine, comte de Chabrol de Volvic, qui a toujours cherché à améliorer, avec ce zèle éclairé qu'on lui connaît, toutes les branches du service de son département, au nombre desquelles se trouve la réserve de la ville de Paris, a souri à l'idée de trouver et d'introduire un mode de conservation qui mettrait désormais la Capitale à l'abri de toute inquiétude sur sa subsistance. Ainsi il s'est livré avec un intérêt particulier au soin de faire construire des silos pour faire les premières expériences. Il en a fait construire plusieurs aux abattoirs du Roule, à l'Arsenal, à l'hôpital Saint-Louis. Les uns étaient revêtus dans l'intérieur seulement en paille, les autres l'étaient en planches de bois, les autres l'étaient en briques, d'autres en pierres de taille, recouvertes d'un ciment siliceux et de bitume.

Ces silos avaient été construits sous la direction de M. le comte de Lasteyrie, savant respectable, qui fut toujours dévoré d'un saint zèle pour le bien public, et qui avait vu de ces sortes de greniers en Italie, en Espagne et ailleurs.

Eh bien, toutes les expériences qui ont été faites dans ces divers genres de silos ont bien prouvé cette vérité que le grain placé dans des circonstances où la fermentation ne pouvait être excitée se conservait; mais elles ont prouvé aussi qu'il ne se trouvait point placé dans de telles circonstances, dans des silos creusés dans le sein de la terre, en nos climats; car on n'a obtenu par ces expériences aucune conservation assez satisfaisante pour qu'on pût adopter ce mode de conservation en France; et c'est vraisemblablement ce qui aura refroidi l'intérêt que M. le Préfet de la Seine prenait, dans le principe, à ces sortes d'expériences.

Malgré cela, M. Ternaux, qui a la noble ambition de se distinguer parmi ses contemporains dans tout ce qui est bon et utile, ne s'est point découragé : il avait déjà fait alors construire à Saint-Ouen des silos, il en fit construire de nouveaux de diverses espèces et de diverses dimensions qu'il revêt à l'intérieur de force de paille. Il a ouvert dans ces silos de nouvelles expériences en grand, et il se flatte qu'avec de la persévérance il démontrera qu'on peut faire usage de silos, même dans nos climats, avec sûreté pour la conservation. Honneur lui soit rendu pour son noble zèle! Je fais, dans l'intérêt de mon pays, les vœux les plus sincères pour que les résultats répondent à ses espérances; mais j'avoue que je crains fort qu'il ne soit trompé.

J'ai moi-même fait construire des silos, j'en ai fait creuser dans mes souterrains à Ivry; ils sont d'une rare perfection, puisqu'ils sont creusés dans le roc, et revêtus dans l'intérieur d'une couche de ciment siliceux imperméable à l'humidité. Je puis dire que j'ai obtenu, par le moyen de ces silos, des conservations supérieures à toutes celles qu'on a obtenues par ce genre de greniers; et cependant elles m'ont convaincu que jamais dans nos climats on ne pourra faire usage des silos avec pleine sécurité pour la conservation. En voici la raison :

Dans nos contrées, les blés qui paraissent, à la main et à l'œil, les plus secs, contiennent encore généralement sept pour cent d'eau; à dix pour cent et à une température tant soit peu élevée au-dessus de celle de la terre, ils germent. Si on remplit un silo de blé, quoi qu'on fasse pour le tasser, il reste encore dans ce silo un vide d'au moins quatorze pour cent de sa capacité; ce vide est occupé par l'air atmosphérique, et cet air contient lui-même vingt-sept pour cent d'oxigène relativement à ses proportions constitutives.

Il ne peut y avoir de conservation qu'autant qu'il n'y a point de fermentation, et pour cela il faudrait que le blé ne prît pas d'eau au-delà de son eau de végétation, et pour qu'il ne prît point d'eau au-delà de son eau de végétation, il faudrait que le silo ne lui en donnât pas; et cependant la terre dans laquelle le silo est creusé contient communément douze, quinze, et jusqu'à vingt pour cent d'eau : comment parviendra-t-on à préserver le blé de cette eau, qui nuit si essentiellement à sa conservation?

En admettant que le blé ne prenne pas d'eau dans le silo au-delà de son eau de végétation, il faut encore qu'il ne puisse rejeter une partie de cette eau en dehors de lui-même, et pour cela il faut que la température ne s'élève jamais assez haut dans le vaisseau pour le faire ressuer; et cependant au moindre mouvement de fermentation, la température s'élèvera, et il est même possible que, dans l'été, la chaleur extérieure pénètre jusque dans les silos. Cela étant, il est aisé d'apercevoir que le blé logé dans des silos se trouve placé au milieu de circonstances *hygrométro-phlogistiques*, qui rendent toutes les chances contraires à la bonne conservation.

On m'objectera sans doute que les parois des silos étant revêtues de paille, ou de planches, ou de contre-murs recouverts de ciment, le blé n'est point en contact avec les parois humides du silo. J'en conviens; mais toutes les expériences qui ont été faites jusqu'à présent ont démontré que quelque précaution que l'on prenne, l'humidité du sol, existant constamment, finit toujours par pénétrer tous les revêtemens, de quelque nature qu'ils soient. Ainsi, les silos dont on peut faire usage avec sécurité pour la bonne conservation en Italie, en Espagne, en Sicile, où les grains ne contiennent que cinq pour cent d'eau, où le sol est beaucoup moins humide qu'en France, ne peuvent être admis dans nos climats, où les grains contiennent beaucoup plus d'eau, et où le sol est beaucoup plus aqueux que dans ces pays.

M. Laboulinière, en son *Traité de la Disette et de la Surabondance en France*, ouvrage plein d'érudition, avait établi d'abord la nécessité de faire des réserves de grains en France; il indiquait aussi le moyen de se passer de greniers de conservation pour en faire, et ce moyen consistait à acheter des grains à domicile et au cours chez les propriétaires et producteurs, et de les constituer, moyennant une surpaie de 3 francs par sac, dépositaires volontaires pour six ans des blés achetés. Ainsi, moyennant cette modique rétribution, les cultivateurs et les fermiers auraient tenu chez eux à leurs risques et périls, pendant six ans, à la disposition des acheteurs, soit en granges, soit en meules, soit en greniers à leur volonté, la quantité d'hectolitres de grains désignée. De cette manière, les granges et les greniers des fermiers seraient devenus les granges et les greniers de réserve du Gouvernement et des villes pour la conservation des approvisionnemens qu'ils auraient jugé convenable de faire.

Ce système est séduisant, sans doute, en théorie; mais il est impraticable dans l'application : car il ne se serait pas trouvé un seul fermier sage et prudent qui eût consenti à assumer sur lui et sa famille la responsabilité d'un dépôt de grains pendant six ans, eût-il même la facilité de renouveler les grains. Parlerons-nous des décès qui arrivent à chaque instant, des mutations de baux, de l'infidélité des gardiens, du feu, et mille autres accidens qui jetteraient infailliblement les déposans et les dépositaires dans des procès et des embarras inextricables. Ce système, qui indiquait bien au Gouvernement et aux villes qui auraient acheté à domicile le moyen d'avoir toujours des blés dans les cas urgens, ne remédiait point à la difficulté de la conservation, qui restait tout entière. Donc, le moyen d'établir des réserves, proposé par M. Laboulinière, était, dans la pratique, inadmissible : comme d'ailleurs il ne remédierait point à la difficulté de la conservation, et comme les silos ne nous offrent pas non plus un mode de conservation sûr, j'ai dû chercher la solution du problème dans tout autre système que ceux qui ont été imaginés et proposés jusqu'à ce jour.

Les lois de la physique m'ont indiqué où devait se trouver cette solution; car elles m'enseignaient qu'un corps végétal quelconque, comme un grain de blé, par exemple, ne peut se détruire de lui-même que par la fermentation; elles m'enseignaient que, pour produire la fermentation, il fallait le concours indispensable de l'humidité, de la chaleur et de l'oxigène de l'air à des degrés donnés, et qu'ainsi, si je plaçais des grains dans des circonstances où ce concours ne pourrait se rencontrer, il n'y aurait point de fermentation possible, et que dès-lors il y aurait conservation nécessaire.

C'est en marchant ainsi sur la voie des lois de la nature, c'est en les épiant pas à pas et après dix ans d'essais et de tâtonnemens, que, si je ne me fais illusion, j'ai trouvé la solution du problème. Elle était dans le grenier clos, imperméable à l'humidité et à l'air extérieur, et placé à une température constamment descendue au-dessous de celle de la terre, et invariable par toutes les saisons. On obtient des greniers imperméables à l'humidité et à l'air extérieur en construisant ces greniers avec des matériaux tels, en les faisant clore et fermer hermétiquement et en les exposant à l'air libre, et on obtient la température donnée en les plaçant dans une serre souterraine où existent des courans d'air combinés. On construit ces greniers en forme de caisse quadrilatère; ils pourraient l'être également en forme cylindrique.

On pourrait les construire en bois, comme MM. Duhamel et de Châteauvieux avaient construit les leurs ; mais comme, dans mon système, ils doivent toujours être exposés à une température basse et invariable, et qu'on ne peut trouver cette température que dans des serres souterraines, où il règne toujours un peu plus ou un peu moins d'humidité, selon la sanité du sol ; que l'humidité ferait travailler le bois et abrègerait la durée du grenier, il vaut beaucoup mieux les construire en pierre de taille, ce que j'ai fait à Ivry pour en donner un modèle.

La pierre, exposée à l'air libre dans une serre souterraine creusée dans un sol sain, prend six pour cent d'eau, si c'est une pierre calcaire dure du banc dit de roche ; elle en prend huit, si c'est une pierre tendre et poreuse, comme, par exemple, la pierre dite lambourde. Au bout d'un mois, d'un an, de dix ans, chacune de ces espèces de pierres n'a pas pris respectivement une plus grande proportion d'eau dans la position indiquée. Cependant si on mettait le grain ou la farine dans le grenier en contact immédiat avec cette pierre, l'un et l'autre se gâteraient. Il importe donc d'interposer entre la pierre et le grain ou la farine un corps qui contienne moins d'eau que n'en contient la pierre et moins aussi que n'en contient le grain ou la farine. Je n'ai trouvé aucun corps qui remplît plus parfaitement la condition exigée que les carreaux émaillés, cuits à une haute température. On adapte ces carreaux dans tout le pourtour intérieur du grenier avec une légère couche de ciment à l'eau-forte, qui empêche la transsudation de la pierre de se manifester dans l'intérieur du grenier, et qui garantit le carreau lui-même de l'humidité.

Je me suis aussi bien trouvé de revêtir l'intérieur du grenier d'une chemise de papier gommé avec de la fécule de pomme de terre. Cette gomme est, par sa nature, un corps incorruptible, homogène avec le grain et la farine, et il est par cela même principe conservateur. C'est un moyen dont les Américains se servent pour leurs expéditions de farines outre mer. Jusqu'ici ils nous ont fait un secret de ce procédé de gommer l'intérieur de leurs tonneaux.

On établit une petite porte sur la partie supérieure du grenier, par où l'on introduit le grain ou la farine, et on en pratique une à la base par où on l'ôte; cette porte peut indifféremment être en bois ou en pierre.

On place le grenier sur des dés en pierre dans la serre souterraine, à trois pieds au-dessus du sol, de manière que l'air circule librement en dessous et que l'humidité du sol, qui tend constamment à remonter et à se condenser, puisse toujours être chassée par le courant d'air, et ne puisse s'attacher aux parois du grenier et les pénétrer.

Enfin, on construit le grenier de la grandeur que comporte la localité souterraine. Dans celle que je possède à Ivry, je pourrais construire chaque grenier d'une dimension assez grande pour contenir mille setiers de blé, et je pourrais en établir un assez grand nombre pour y conserver une grande partie de l'approvisionnement de la ville de Paris.

Lorsque le grenier est vide, il s'introduit toujours de l'humidité dans l'intérieur. On la fait disparaître en quelques minutes en faisant dans le grenier, avant de le remplir, une combustion de charbon ou de bois. Par ce moyen simple, le grenier peut toujours être mis en état de service à chaque instant.

On voit que, dans ce système de greniers, les conditions de la bonne conservation sont : 1°. que le grenier soit imperméable à l'humidité et qu'il soit clos hermétiquement, de manière que l'air extérieur ni l'humidité ne puissent pénétrer dans l'intérieur quand il est fermé ; 2°. qu'il soit exposé à l'air libre, de manière que le courant d'air puisse constamment circuler librement en dessus, en dessous, et tout autour; 3°. qu'il soit exposé à une température basse, qui, par aucune saison, ne puisse jamais s'élever au-dessus de celle de la terre, qui est de dix degrés au thermomètre de Réaumur.

On trouve cette température dans les carrières exemptes d'infiltrations, on la trouverait également dans celles qui y sont sujettes; mais elle serait trop chargée d'humidité. Les carrières où il règne ordinairement un air sain et qui n'est point trop chargé d'humidité sont les carrières de pierre primitive, de roche granitique, ou de pierres calcaires. Cette condition ne se rencontrerait point, par exemple, dans les carrières de grès, elle ne se rencontrerait point davantage même dans les carrières de pierre calcaire qui auraient été exploitées anciennement et dont les masses auraient été ébranlées, parce qu'il y aurait à craindre les infiltrations; mais on la retrouverait encore dans les caves profondes qui auraient été construites dans un sol sain avec des matériaux qui ne seraient point hygrométriques.

Quand la température est un peu trop élevée, on la fait descendre en établissant dans la localité des courans d'air combinés. La raison pour laquelle il faut que le grenier soit imperméable à l'humidité est facile à comprendre, c'est que si l'humidité pouvait pénétrer dans les parois du grenier, elle se communiquerait au grain et en causerait la fermentation.

La raison pour laquelle il faut que le grenier close hermétiquement est sensible, c'est que si l'air extérieur pouvait se mettre en contact avec l'air intérieur, il lui communiquerait un degré d'humidité qui déterminerait aussitôt la fermentation du grain. Celle pour laquelle il importe que le grenier soit exposé au courant d'air se laisse aussi facilement deviner, c'est que s'il se dépose sur la surface extérieure du grenier quelques gouttes d'eau, ce qui arrive quand l'air atmosphérique du dehors est chargé d'humidité, le courant d'air l'enlève incessamment et empêche l'humidité de pénétrer les parois du vaisseau.

On remarquera aussi que l'air est toujours, dans les courans, plus froid que dans les lieux où il est dormant ou ambiant, et que le froid est un principe conservateur, par exemple, un antifermentescible, et, au surplus, d'après des expériences réitérées, il m'a paru impossible de fermer un vaisseau quelconque exposé à l'air stagnant, assez hermétiquement pour empêcher que l'humidité ne pénètre dans l'intérieur.

Le vaisseau étant dans cette situation, elle pénétrerait même à travers les pores du corps le plus dur dont il serait composé, fût-il de verre fort épais.

Enfin, la raison pour laquelle le grenier doit être exposé à une température basse, et qui ne soit jamais élevée au-dessus de celle de la terre, c'est que si la température s'élevait plus haut, l'équilibre de la disproportion des élémens fermentatifs qui aurait arrêté la fermentation serait rompu, et que dès-lors, dans l'été, la chaleur déterminerait nécessairement la fermentation, en agissant sur les autres élémens qui concourent à en exciter le mouvement.

D'après des expériences réitérées à une température descendue au-dessous de celle de la terre, j'ai pu me convaincre que les charançons et les vers, saisis apparemment par le froid et privés de la lumière, restent comme engourdis et asphyxiés dans le grenier sans éprouver ni le besoin de paître ni celui de se reproduire, et en conséquence ils n'attaquent point le grain et finissent par périr. Si, au contraire, la température est tant soit peu plus élevée, ces insectes, engourdis, semblent se réveiller d'un long sommeil, pour dévorer les grains et se propager d'une manière effrayante.

On ne devra mettre en conservation dans les greniers clos que des grains qui aient été récoltés à leur maturité, qui aient été parfaitement ressuyés après avoir rejeté leur eau excédante de végétation.

MM. Duhamel, de Châteauvieux et Parmentier avaient pensé qu'on ne pouvait pas conserver les blés dans de pareils greniers, s'ils n'étaient étuvés à une température de 90 degrés au thermomètre de Réaumur; mais c'est une erreur. D'après mes propres expériences, il suffit à la bonne conservation que le grain ait été récolté en maturité, qu'il ait été pelleté et ressuyé pendant quelques mois dans un grenier bien aéré, ou seulement exposé, dans l'été, au soleil pendant quelques jours, de manière qu'il soit bien sec quand on voudra le verser dans le grenier clos: toutefois, il est certain que moins il contient d'eau, plus il est facile à conserver.

Il offre aussi peut-être, dans cet état, un aliment plus salutaire à la santé, et c'est probablement un semblable motif qui avait introduit chez les Romains l'usage de faire sécher leurs grains avant de les moudre, et il paraît qu'ils y étaient obligés par une loi ancienne; car on lit dans Pline :

Instituit far torrere, quoniam tostum cibo

salubrius esset. Id uno modo consecutum, statuendo non esse purum ad rem divinam, nisi tostum.

J'aurais pourtant peine à croire, malgré ces autorités respectables, qu'une dessiccation factice, comme celle par exemple qu'on obtient par le moyen de l'étuve artificielle, n'ôterait pas au blé quelques-unes de ses qualités nutritives et bienfaisantes.

Je préférerais une dessiccation obtenue par le moyen d'une étuve naturelle dont le soleil et un verre lenticulaire feraient les frais, comme je conçois qu'il serait facile d'en établir une.

Quant aux farines destinées à la conservation, on conçoit que pour les conserver par le moyen des greniers clos, elles doivent aussi être parfaitement ressuyées et susceptibles par leur nature d'une bonne conservation.

Telle est la théorie de mes greniers clos. Pour faire comprendre maintenant comment le blé doit infailliblement s'y conserver, il me suffira d'expliquer ici la théorie de sa végétation, puisque tout l'art de la conservation consiste à empêcher cette végétation.

Or, le blé est un grain en forme de petit fuseau tronqué aux extrémités, il est aplati d'un côté et convexe de l'autre ; au bas de celui-ci existe une protubérance, où réside le germe; du côté aplati règne une rainure profonde, qui partage le grain en deux lobes. Le grain est recouvert d'un tégument composé de trois tuniques, dont deux sont formées de tuyaux disposés verticalement les uns à côté des autres, communiquant entre eux par des insertions latérales, et formant, par leur réunion, comme une espèce d'aigrette, entre ces membranes se trouve une couche de substance visqueuse qui paraît être une espèce de gomme-résine, et qui enveloppe tout le grain; dans la partie inférieure, est une couverture qui communique à un chalumeau divisé dans toutes les parties de l'épi. Tout le long de la rainure est un gros vaisseau divisé en plusieurs branches, subdivisées elles-mêmes en une infinité de rameaux qui se terminent par un globule, espèce de réservoir du suc nourricier, sel essentiel, sucré, connu sous le nom de substance muqueuse. Tous ces vaisseaux renferment chacun un double canal adhérent à la tige; l'un est destiné à porter le suc nourricier dans chaque globule, tandis que l'autre, qui part de chaque globule, est destiné à porter le suc au germe par l'entremise du canal inséré dans la rainure; de sorte que ce canal fait, à proprement parler, les fonctions de cordon ombilical.

Ainsi l'on retrouve dans l'économie de l'organisation végétale d'un grain de blé celle qui préside à l'organisation animale des êtres vivans ; car ces vaisseaux et rameaux infinis qui se trouvent dans le grain de blé peuvent être comparés, par leur disposition, leur nature et leurs fonctions, aux artères, aux veines et aux nerfs, qui se trouvent divisés et ramifiés dans l'économie animale. Il en est de même des tuniques qui recouvrent le grain de blé, elles peuvent être comparées aux diverses membranes qui recouvrent les os, les veines et les nerfs de l'animal; il en est de même encore des fonctions de la nutrition, de la chymification et de la chylification, que font nécessairement les organes du grain pendant l'acte de la végétation, elles peuvent être assimilées aux fonctions de même nature que font les organes de l'économie animale pendant la vie.

D'après ces notions sur l'anatomie du grain de blé, que j'emprunte, en grande partie, à M. l'abbé Poncelet, savant observateur des lois de la nature, on concevra facilement comment le grain doit se conserver par le moyen de mes greniers clos.

En effet, c'est l'humidité, avec le concours de la chaleur et de cette partie première et vitale de l'air qu'on nomme oxigène, qui féconde le grain de blé; car à peine a-t-elle, à l'aide de la fluidité de l'air et de la dilatation des organes du grain, occasionée par la chaleur, pénétré par l'orifice inférieur communiquant à la tige, et a-t-elle suivi les ramifications dans leurs nombreuses sinuosités jusque dans l'intérieur des globules, qu'aussitôt la substance muqueuse qui y est contenue se dissout, se gonfle, s'échauffe, s'étend jusqu'au germe, lui communique son mouvement, l'éveille, et l'excite à déployer sa puissance végétative, etc. C'est là ce mouvement intestin que l'on appelle fermentation. Mais tant qu'aucune cause extérieure n'excite ce mouvement, toutes les parties organiques du grain demeurent dans un repos absolu; le germe ne donne pas le moindre signe de vie, il reste dans l'inaction et comme enseveli dans un profond sommeil.

On voit donc par là que si mes greniers souterrains closent hermétiquement, de manière que ni l'humidité ni l'air extérieur n'y puissent pénétrer; que s'ils sont exposés à une température basse et invariable, de manière que l'humidité naturelle qui est dans le grain ne puisse se mettre en état de vapeur, s'échapper du grain qui la contient et réagir sur lui; et que si d'ailleurs aucune cause extérieure ne peut exciter sa fermentation, le grain qui sera renfermé dans ces greniers y restera dans un repos absolu, et s'y conservera nécessairement dans l'état où on l'y a mis. Or, il est constant que des greniers construits en pierre de taille doublée en carreaux émaillés en dedans, et hermétiquement fermés, sont imperméables à l'humidité et à l'air extérieur. Il est également constant qu'exposés à une température qui est toujours au-dessous de celle de la terre, le degré de chaleur qui règne dans ces greniers n'est pas assez élevé pour mettre en état de vapeur l'humidité naturelle que contient le grain et pour la faire réagir sur lui-même. Il est constant enfin qu'aucune cause extérieure ne peut agir sur les organes du grain, dans les circonstances où il se trouve placé dans de tels greniers : donc, dans cette situation, la conservation est infaillible, et d'autant plus infaillible, qu'elle est basée sur les lois immuables de la nature.

Il existe plusieurs espèces de blé. Linné en comptait huit sans y comprendre les variétés. J'en ai cultivé moi-même jusqu'à vingt-sept espèces à Ivry, y compris les variétés. Il en existe plusieurs espèces exotiques dont on pourrait, je crois, introduire la culture en France avec avantage. Tels seraient par exemple le blé lamas, le blé printanier rouge (*triticum æstivum rubrum; D. Salvatori manus*), venant des deux Mangolies chinoises, envoyé de Saint-Pétersbourg au roi par M. Salvatori; le blé Kalmouk; le *triticum hybernum*, variété de Talavera; le *triticum vernum, spica brevis quadrata Siciliæ*; le *triticum vernum* (Fellemberg) blé de mars, et enfin le blé de Tangarock, etc. Je saisis cette occasion pour faire connaître que je dois à M. Gillet-Laumont, cet ami zélé des sciences, qui, depuis vingt-cinq ans, m'honore de son amitié, les plus belles espèces de blé que je possède.

Parmi ces diverses espèces, il en est de plus difficiles à conserver les unes que les autres; mais la plus difficile de toutes est, je crois, le blé-froment, probablement parce que l'écorce qui lui sert d'enveloppe est très-fine, et peut-être aussi parce qu'il contient plus de principes fermentescibles que les autres espèces.

La farine est composée des mêmes principes que le grain dont elle provient. Ces principes sont de l'amidon, du gluten, une matière muqueuse et du sucre. Les proportions de ces substances varient suivant la nature du sol, du climat et de la culture. On conçoit que, par leur

5.

nature, ces substances sont très-fermentescibles. Cependant, d'après mes expériences, elles sont plus faciles à conserver que le grain, par le moyen des greniers clos; j'en trouve la raison dans ce que la partie corticale du grain empêche qu'il ne se tasse bien dans le grenier; dans ce que, par conséquent, il y reste toujours du vide dans le rapport d'un à sept, tandis qu'au contraire la farine s'y tasse facilement et qu'on peut remplir le grenier sans presque laisser de vide. En effet, dans ce système de grenier, la conservation est d'autant mieux assurée, qu'il reste moins de vide et partant moins d'air atmosphérique.

Il n'y a rien de nouveau sous le soleil, a dit Salomon. Ainsi l'idée des greniers clos pour la conservation des grains et des farines n'est pas nouvelle, d'autres l'ont eue avant moi.

Cependant l'idée de placer ces greniers à une température basse et invariable, à laquelle la chaleur ne puisse concourir à exciter la fermentation des substances végétales renfermées dans le grenier, à une température à laquelle aussi les insectes n'éprouvent point le besoin de paître et de se reproduire, est, je crois, neuve. Elle m'appartient et elle est la base du système de conservation que je propose aujourd'hui, et on peut juger si ce système est juste et vrai à la simple observation qui suit :

On ne connaît pas encore bien la nature de la chaleur, mais on sait qu'elle a la propriété de pénétrer tous les corps par le frottement ou la percussion : en les pénétrant, elle les dilate plus ou moins suivant leur nature, et en proportion de son intensité par l'ébranlement et les vibrations de leurs parties constituantes; et par là même elle excite et détermine la fermentation, dont l'effet est aussi de diviser et de décomposer les parties élémentaires et agrégatives des corps, pour les livrer à d'autres combinaisons. Au contraire, l'effet du froid est de resserrer souvent entre elles le mouvement de l'attraction universelle dans toutes les parties constituantes des corps, et d'empêcher qu'elles ne se divisent et ne se décomposent. Par conséquent la conservation des grains et des farines sera toujours d'autant mieux assurée, que ces corps végétaux seront plus exposés à une température basse et froide et moins exposés à la percussion de la chaleur. Il est donc naturel que les greniers clos à température basse conservent mieux que tous les autres genres de greniers les grains et les farines.

M. Duhamel avait avant moi établi des greniers clos, non pas en pierre de taille doublée en carreaux émaillés, mais en bois, corps homogène avec le grain, et fort convenable à sa conservation. Ces greniers étaient en forme de caisse, de dix pieds de côté sur huit de hauteur. Ils étaient exposés dans un lieu sec, au rez-de-chaussée, et élevés sur des chantiers à deux pieds de la terre. Pour les éprouver, il les remplit de blé de parfaite qualité, malgré cela, le blé s'échauffa, et il eût été entièrement pourri s'il ne l'avait relevé. Nous trouvons en outre dans son *Traité sur la conservation des grains*, qu'il avait essayé de conserver du blé dans des bouteilles de verre bien bouchées, et que le blé germa dans ces bouteilles. L'humidité que renfermait le grain s'était échappée des particules du blé, et elle s'était manifestée à l'extérieur du bouchon : le blé fut trouvé gâté.

Ce savant tenait pour certain qu'il était d'expérience journalière que le grain qu'on renfermait dans de grosses tonnes exactement fermées s'échauffait et prenait un mauvais goût. Dans son *Supplément au Traité de la conservation des grains*, il raconte encore que M. de Châteauvieux, de Genève, avait établi des greniers clos en bois, pareils aux siens. Pour les éprouver, M. de Châteauvieux les remplit de blé qui paraissait bien sec ; cependant le grain s'y échauffa, et s'y serait entièrement corrompu s'il ne s'était empressé de le rafraîchir par un renouvellement d'air.

Du résultat de ces expériences réitérées, M. Duhamel conclut donc, avec M. de Châteauvieux, qu'on ne pourrait conserver le grain dans des greniers clos, s'il n'était souvent remué et ventilé par le moyen du soufflet à la Halès, ou s'il n'était étuvé à une assez haute température.

Pour moi, d'après mes propres expériences, je ne doute pas un seul instant que les blés mis en conservation et dans les greniers clos de M. Duhamel, et dans ceux de M. de Châteauvieux, et dans des bouteilles, se fussent conservés sans s'échauffer ni se corrompre, quand même ils n'auraient été ni ventilés ni étuvés, si ces bouteilles et ces greniers eussent été placés à des courans d'air et à une température basse et invariable, assez basse sur-tout pour que la chaleur ne pût faire échapper du grain l'humidité qu'elle contenait, et pour qu'elle ne pût faire réagir cette humidité sur le grain lui-même, et exciter par là sa fermentation; car j'ai conservé dans de pareils greniers, placés à la température de mes serres souterraines et dans leur état naturel, des blés pendant trois ans, et ils ne s'y sont ni échauffés ni gâtés.

J'y ai conservé des avoines pendant cinq ans et elles en sont sorties aussi saines que si elles sortaient des javelles. Les chevaux les mangeaient sans répugnance. J'ai semé de ces avoines et elles ont parfaitement levé.

J'ai aussi conservé, pendant un été entier et une partie de l'hiver, de la farine faite avec du blé de Brie de 1823, récolté mouillé. La farine de cette année était regardée dans tous les magasins de Paris comme inconservable : elle ne s'est nullement gâtée ni altérée dans mes greniers clos ; elle n'y a contracté aucun mauvais goût et a fait de très-bon pain.

J'ai conservé des farines pendant deux ans pour le compte de M. Hédouin, négociant à Saint-Denis, maire-adjoint de cette ville, ami des sciences, et s'occupant lui-même à en reculer les bornes. La conservation a été jugée par les hommes de l'art au moins aussi parfaite qu'elle l'eût été, dans les circonstances les plus favorables, par les meilleurs moyens vulgaires de conservation. Il me reste de cette farine; elle entre dans sa quatrième année de conservation; elle est encore parfaite et donne du pain excellent, elle s'est même bonifiée; car elle a perdu un goût de savon qu'elle avait et qui tenait à sa nature primitive et non au mode de conservation ; elle est, en un mot, dans un état de conservation tellement satisfaisant, qu'elle pourrait voyager et traverser sans se détériorer les mers lointaines beaucoup mieux que ne pourrait le faire de la farine nouvelle; presque semblable au vin vieux, elle a entièrement perdu ses principes fermentescibles.

J'ai aussi, comme expérience comparative, voulu conserver du blé dans des greniers clos, placés dans une grange bien saine; mais mon blé a éprouvé le sort des blés de MM. Duhamel et de Châteauvieux, renfermés dans leurs greniers clos au rez-de-chaussée, dans des locaux qui ne paraissaient point accessibles à l'humidité ; il s'est promptement détérioré.

M. Duhamel établit en principe, dans son *Traité de la conservation des grains*, que le moyen le plus sûr, le plus simple et le plus économique de détruire les insectes qui attaquent les grains et qui les dévorent est de passer le grain à l'étuve à une chaleur de 90° au thermomètre de Réaumur, je ne saurais être de son avis. D'après mes propres expériences, le moyen le plus simple et le plus économique d'empêcher les insectes de faire leurs dégâts est au contraire de tenir le grain en conservation à une température froide, invariable, et constamment descendue au-dessous de celle de la terre : à cette température, le froid paralyse leurs facultés animales et les empêche complétement d'éprouver le sentiment du besoin de paître et de se reproduire.

M. le comte Dejean, d'heureuse mémoire, voyant que l'on n'avait obtenu que des conservations imparfaites par le moyen des silos creusés dans le sein de la terre, fit aussi des greniers clos. Ils ne furent construits ni en bois ni en pierre de taille, mais en feuilles de plomb laminé, en ployant ces feuilles en formes cylindriques et en les soudant hermétiquement. Il les plaça dans le bâtiment de la manutention des vivres de la guerre, rue du Cherche-Midi, les uns aux étages supérieurs, les autres au rez-de-chaussée et les autres à la cave. Il obtint par le moyen de ces greniers des conservations réellement plus satisfaisantes que toutes celles que l'on avait obtenues par celui des silos creusés dans le sein de la terre ; il publia, en 1824, une *Notice* sur cette intéressante expérience, tendante à démontrer que ce genre de greniers est le plus économique sous le rapport de la dépense et le plus sûr sous le rapport de la conservation.

Sous le rapport de la dépense, ce grenier

pourrait être le plus économique de tous les greniers connus, si, pour l'usage habituel, on pouvait l'établir de la capacité démesurée sur laquelle son inventeur a établi ses calculs ; mais cela est impossible dans l'application, sans qu'on soit obligé de faire une énorme construction pour loger et pour soutenir l'enveloppe de plomb : et alors ne devient-il pas le plus cher des greniers ? Car, en petit, il ne peut être économique, l'auteur lui-même en convient. Ce nouveau genre de greniers, qui paraît être assez sûr sous le rapport de la conservation, serait-il sans danger sous le rapport de la salubrité ? Je laisse cette question à décider aux hommes de l'art ; mais on sait que le plomb se couvre toujours, à la surface, d'une rouille grise, qui agit comme poison sur l'économie animale et qui peut, en certaines circonstances, occasioner la mort. Ne serait-il pas à craindre que cette rouille ne transmît ses qualités malfaisantes à l'écorce du blé, que le blé ne les transmît à la farine, et que cette farine ne les transmît au pain, et n'amenât des résultats fâcheux (1).

(1) Je crois qu'il serait fort dangereux d'adopter un pareil moyen de conservation ; la farine agit sur l'étain et le

L'idée du zinc pour établir ou doubler des greniers de conservation s'était présentée plusieurs fois à mon esprit; mais en examinant la nature de ce dernier métal, j'ai craint que, comme le plomb, il ne contînt en lui-même des qualités nuisibles pour conserver les alimens dont l'homme se nourrit.

En effet, si on l'analyse, on reconnaît qu'il a une affinité sensible avec l'acide vitriolique, sel neutre, propre aux arts sans doute, mais nullement propre à entrer dans les alimens : il a également de l'affinité avec le cuivre, car il s'allie parfaitement avec lui; néanmoins il n'est pas sujet comme lui au vert-de-gris ; il est même moins susceptible que le plomb de se convertir en chaux ou en rouille; il se comporte, à cet égard, à peu près comme l'étain. M. Malouin fit

---

plomb, et prend, après avoir été en contact avec ces métaux, une propriété malfaisante, qui ne tarderait pas à avoir des suites funestes sur toute l'économie animale. Nous avons vu et cité, dans le 22e. n°. de l'*Économiste*, des faits qui attestent que même des individus avaient été malades pour avoir pris du tabac enfermé depuis long-temps dans des vases de plomb. On doit penser que ce sera bien différent lorsqu'il s'agira d'une substance alimentaire. Nous croyons qu'on doit renoncer tout-à-fait à ce mode de conservation.

(*Note de M. Dubouchet.*)

des expériences pour le faire substituer à ce métal dans l'étamage; mais on reconnut qu'il y aurait du danger à l'employer pour les vaisseaux servant à la cuisine : 1°. parce que le zinc est dissoluble par les plus faibles acides ; 2°. et parce qu'il a une qualité émétique très-prononcée.

Un certain empirique avait fort accrédité, sous le nom de *luna fixata Ludemanni*, un prétendu remède pour les maladies de nerfs et convulsives. A de très-petites doses, ce remède faisait vomir plus que les émétiques antimoniaux les plus forts. On l'analysa et on reconnut que cette *lune fixée* n'était autre chose que des fleurs de zinc.

Or, le contact de ce métal avec le grain ou la farine en conservation ne pourrait-il pas transmettre à ces substances alimentaires les qualités émétiques et nuisibles de ce corps phosphorique ? On cite l'usage qui en a été fait à Malte pour la conservation de la farine; mais le zinc qu'on a employé à cet usage était-il bien de la nature de celui que nous connaissons en France, et ensuite a-t-on bien suivi et observé ses conséquences, nécessairement éloignées et insensibles, sur la santé de ceux qui se sont nourris de la farine conservée ?

Cependant ce qui ferait croire que mes scrupules à cet égard sont sans fondement, c'est que l'Administration de la Réserve a adopté, pour une nouvelle expérience qu'elle a ouverte, l'année dernière, sur la conservation du blé, non pas le grenier clos en zinc, mais le grenier clos en plomb, qui, comme je l'ai dit, est encore plus sujet à la rouille que le zinc. Elle a établi ce grenier, quai de l'Hôpital, dans le nouveau bâtiment de la Direction.

A part là question de salubrité, j'avoue que je serais agréablement trompé si j'apprenais que cette expérience a été satisfaisante : mes doutes sont fondés sur ce que le grenier se trouve exposé à une température variable, qui, selon moi, s'élèvera dans l'été beaucoup trop haut pour que sa conservation ne soit pas compromise : aussi regardais-je cette expérience comme devant donner la démonstration parfaite que les greniers clos ne valent pas mieux que les silos pour la conservation des grains et des farines, et qu'en s'en tenant aux divers modes de conservation ordinaires, tout est pour le mieux dans le meilleur des mondes possibles. Pourtant il est vrai de dire que M. le comte Dejean a avancé, dans sa Notice, que le lieu où l'on placerait les greniers en plomb était indifférent. Je regrette beaucoup de ne pas pouvoir être à cet égard du sentiment d'un administrateur aussi éclairé que l'était M. le comte Dejean; mais mes propres expériences, celles de M. Duhamel et de M. de Châteauvieux m'ont confirmé que le sort de la conservation dépendrait toujours du lieu où l'on placerait le grenier, à cause de la température requise pour la bonne conservation. Cet homme de bien a dû encore se tromper quand il a avancé qu'il n'était pas nécessaire que le grenier fût rempli pour que le grain s'y conservât; selon lui, le grenier resterait en vidange, que la conservation n'en serait pas moins bonne. D'après mes expériences, j'ai reconnu au contraire que le grain se détériorait assez promptement quand il restait du vide dans le grenier.

Le blé conservé dans un grenier clos exposé à la température de mes serres souterraines, et par conséquent placé pendant tout le temps de la conservation dans une atmosphère un peu humide, se trouve, en sortant du grenier, avoir bien conservé sa couleur naturelle; mais il est un peu gourd à la main. Si on l'expose ensuite à l'air extérieur dans un grenier ordinaire, le grain prend dans ses parties concaves et aux extrémités une petite teinte brune, qui lui donnerait au marché, pour ceux qui n'en connaîtraient pas la cause, une défaveur sur les blés conservés par les moyens ordinaires; mais il obtiendrait la préférence de ceux qui connaîtraient cette cause, parce qu'il est en réalité meilleur, en ce qu'il a conservé davantage ses qualités nutritives.

Si après avoir retiré le blé du grenier clos, on le conserve long-temps dans un grenier ordinaire, en lui faisant subir les manœuvres d'usage, il devient plus dur que s'il eût été toujours conservé par les moyens vulgaires. Si on l'envoie au moulin immédiatement après qu'il est sorti du grenier, il se moud bien; mais la mouture est légèrement grasse, et elle se sasse et se blute mollement; si on ne l'y envoie que quelques jours après qu'il a été essoré, il se moud plus facilement; la mouture est plus sèche; elle se sasse et se blute beaucoup mieux.

Dans tous les cas, je dois dire que la qualité de la farine est toujours relative à la nature du blé, à l'état du moulin, et à la perfection de la mouture : ainsi, elle est très-bonne quand le blé est de bonne qualité et que la mouture est bien faite, et elle est inférieure quand le blé est de qualité inférieure, ou que la mouture est mal faite (1).

(1) Il n'est point indifférent d'obtenir une bonne mouture

Le pain provenant de cette farine semble avoir conservé quelque chose de la fraîcheur de l'atmosphère dans laquelle le blé a été conservé. Cependant, il est excellent; il est meilleur que le pain de blé conservé dans les greniers ordinaires : car, dans les greniers aérés, le blé a nécessairement dû perdre son arôme et une partie de ses qualités nutritives; et lorsqu'on l'envoie au moulin, quelques manœuvres qu'on lui ait fait subir, il contient toujours plus ou moins de poussière; il contient aussi souvent des vers, des chrysalides, des charançons, et les excrémens de ces insectes : tous ces élémens hétérogènes se trouvent nécessairement confondus par la mouture dans la farine et par suite dans le pain; tandis qu'aucun de ces inconvéniens ne se rencontre dans le système de conservation

---

pour la conservation des farines. Je saisis cette occasion pour dire qu'en général nos moulins ne sont pas pourvus de meules convenables, premières chevilles ouvrières. Elles devraient provenir d'une pétrification parfaite, de pierres franches, régulièrement poreuses, à vives arêtes et sans plâtre. Ces meules conviennent spécialement pour moudre les grains de blé dont on veut conserver les farines. Nous avons cru reconnaître ces propriétés réunies dans les meules de M. Vinet-Buisson, de Montmirail, département de la Marne. (*Note de M. Dubouchet.*)

par les greniers clos. Aussi, trouve-t-on dans le pain provenant de la farine de blé conservé par le moyen de ces greniers une saveur agréable, un goût de noisette, un goût naturel enfin, que l'on chercherait vainement dans le pain provenant de farines de blé conservé au milieu de la poussière des greniers ordinaires.

Le pain provenant des farines conservées dans les greniers clos à température basse, et qui proviennent de blé conservé dans les greniers communs, semble se sentir aussi de la température dans laquelle elles ont été conservées, en ce qu'il a la fraîcheur du pain de blé nouveau. Pourtant, au jugement des personnes les plus susceptibles et les plus difficiles, ce pain est meilleur au goût que le pain provenant des farines les mieux conservées par les moyens ordinaires; il est aussi plus nourrissant et plus bienfaisant.

Nous allons récapituler maintenant les conditions du problème, et voir si je les ai remplies : la première était que le grain fût conservé dans le plus petit espace possible; on ne pouvait certainement pas le conserver dans un plus petit espace que dans celui d'un grenier clos qu'on remplit comble. Cette première condition accomplie, voyons la seconde, qui consistait en ce que le grain fût conservé à peu de frais.

Il n'est, à mon avis, point de greniers plus économiques que les greniers clos construits en pierre de taille doublée en carreaux émaillés et logeables dans des locaux souterrains, qui coûtent peu ordinairement. L'économie de ces greniers n'est pourtant pas dans les dépenses de premier établissement, car elle est encore assez considérable; mais elle est dans ce que ces greniers, une fois établis, ne coûtent aucune dépense d'entretien, dans ce qu'ils sont d'une durée éternelle, et dans ce qu'il n'y a, dans ce système de conservation, aucune dépense de manutention à supporter.

Ainsi, par exemple, la ville de Paris alloue aux conservateurs de sa réserve, qui est de deux cent cinquante mille quintaux métriques, 1 fr. 50 c. par quintal de blé par an quand elle fournit le grenier pour loger le grain, et 2 fr. quand elle ne le fournit pas; elle supporte en outre les frais d'administration de la réserve, et le tout, d'après M. La Boulinière, en son *Traité de la disette et de la surabondance*, tome 2, page 348, revient, par an, à la ville de Paris, à 5 fr. par quintal métrique, sans compter l'intérêt des constructions des greniers.

Eh bien! je pourrais, dans ma localité à

Ivry, où j'ai à la vérité la pierre à ma disposition, établir pour une somme de 4,000 francs, un grenier clos, doublé en carreaux émaillés, garni de ses portes et de ses ferrures, et enfin parfaitement conditionné, contenant mille quintaux métriques de blé. Or, au taux de 5 fr. qu'il en coûte à la ville de Paris par quintal métrique, indépendamment du loyer des greniers, je rentrerais donc dans la mise de fonds, faite pour la construction du grenier, dès la première année, et au taux de 2 fr. par quintal que la ville de Paris alloue à ses conservateurs quand ils fournissent le grenier, j'y rentrerais en deux ans.

On voit que la seconde condition du problème, de conserver avec peu de dépenses, se trouve aussi remplie; car, par aucun mode connu, on ne peut conserver à aussi peu de frais.

La troisième condition du problème est que l'on conserve le grain sans perte ni déchet; il est sensible que le grain étant, dans les greniers clos, soustrait à l'influence des variations de la température, il ne peut y avoir ni perte ni déchet. Ainsi cette condition se trouve encore remplie.

La quatrième condition demande qu'on conserve le grain à l'abri de la voracité des rats, des souris, des oiseaux et des insectes de toute espèce. Pour ce qui est des rats, des souris et des oiseaux, on voit qu'il leur serait difficile de s'introduire dans un grenier en pierre de taille, fermé hermétiquement. Quant aux charançons, vers, mites et autres insectes de même nature, l'expérience ayant démontré que les greniers étant placés à la température donnée, ces insectes n'attaquent point le grain, n'éprouvent ni le besoin de paître ni celui de se reproduire, cette quatrième condition est encore remplie sous ce double rapport.

Vient enfin la cinquième condition, qui est que le blé soit conservé à l'abri de la tentation des voleurs et des personnes préposées à sa conservation. Il me semble que cette dernière et importante condition est aussi accomplie, puisque le grain étant renfermé dans un grenier clos, et sa conservation n'exigeant aucune manutention, le propriétaire du grenier en peut garder la clef.

Ainsi donc toutes les conditions du problème se trouvent remplies, et le problème se trouve résolu.

Il faut avoir étudié la matière pour pouvoir juger de la difficulté : pour donc m'assurer que je ne me faisais pas illusion, j'ai voulu rendre l'Administration de la réserve, instituée pour encourager ces sortes d'expériences, juge du fait de cette solution. Je l'ai en conséquence priée de vouloir bien éprouver l'un de mes greniers clos avec moi: à cet effet, je lui ai demandé de confier à ce grenier la conservation de son contenu de blé, aux mêmes conditions qu'elle avait confié la conservation de plus grandes quantités aux silos de M. Ternaux. D'abord M. le Directeur me dit qu'il n'y voyait point de difficulté; mais il m'envoya traiter de la concession de la conservation avec l'un des conservateurs de la réserve. Quand j'en eus traité avec M. Goblet, et que le blé fut mis à ma disposition, il m'écrivit que l'Administration de la réserve exigeait que je justifiasse, par des *documens authentiques*, du résultat des expériences que j'avais faites pour mon compte. Je pouvais fort bien donner à l'Administration de la réserve des notes exactes sur les résultats de mes expériences; mais pouvais-je lui donner des documens authentiques? Lorsqu'un particulier fait des expériences pour son compte, il ne va chercher ni un huissier, ni un notaire, ni d'autres individus pour en dresser procès-verbaux authentiques; et j'avoue que je trouvai la demande étrange en pareille circonstance, et M. le Directeur de la réserve en sentit lui-même l'inconvenance : car il se contenta des notes que je lui remis. Mais bientôt après, il m'annonça, par une lettre de décembre 1827, que l'Administration de la réserve ne pouvait me donner de blé en conservation pour le moment : ainsi finit cette négociation, qui dura plus de six mois.

Cependant l'opinion publique est que mes greniers clos offrent bien autrement de chances de succès que les silos de M. Ternaux, auxquels l'Administration de la réserve a bien voulu pourtant confier, dit-on, jusqu'à six mille sacs de blé.

Quels que soient les motifs qui aient déterminé le refus de l'Administration de la réserve, je dois les respecter; je m'abstiendrai donc de toute réflexion à ce sujet. Toutefois, de ce que cette Administration n'a pas voulu se mettre dans le cas de prononcer sur le mérite de mon système de conservation, on ne doit pas en tirer la conséquence qu'il ne vaut rien ; car elle a, plus d'une fois, accordé de la confiance à des modes de conservation qui étaient certainement moins dignes de son attention ; mais on doit s'en rapporter aux faits, et une bonne conservation est un fait dont, en définitif, tout le monde peut bien juger ; et c'est à ce témoignage que je m'en réfère ; et si de nouveau on ne veut pas même examiner le fait, je me réfugierai dans le témoignage de la conscience, de ma propre raison, qui me dit que c'est bon; témoignage auquel je ne puis renoncer, tant qu'on ne m'aura pas démontré mon erreur, et je laisserai au temps et aux événemens à faire apprécier le mérite de mon système de conservation : alors j'ai la douce espérance que l'on me rendra justice.

Au reste il est un signe certain auquel on peut toujours reconnaître si une conservation est bonne, c'est à la pesanteur spécifique du grain, ou, autrement dit, à sa densité, qui, d'après les lois de la gravitation, est toujours en raison directe de sa masse et en raison inverse de son volume. Ainsi, par exemple, si un hectolitre de blé pesait cent cinquante livres poids de marc, ou soixante-treize kilogrammes quarante-deux grammes lorsqu'on le met en conservation dans un grenier clos ou dans un silo, et que le repesant lorsqu'on le retire, on trouve qu'il a conservé exactement le même poids, assurément la conservation sera parfaite.

Si au contraire le même hectolitre de blé a perdu de son poids, il faut en conclure que le grain a perdu de sa densité, et qu'il a gagné en volume ce qu'il a perdu de cette densité, et que dès-lors la conservation n'est pas parfaite ; car cette différence dans le poids ne peut provenir que de ce qu'il se serait introduit de l'eau dans le grain pendant la conservation, et de ce que l'eau, à volume égal, pèse moins que la substance du grain.

Cependant si la différence était peu sensible ; si elle n'était, par exemple, que d'un centième, la conservation serait encore bien satisfaisante : car, en Italie et en Espagne, le grain augmente de volume d'un à trois pour cent dans les conservations par le moyen des silos.

Il faut bien s'assurer aussi si la différence ne proviendrait pas de la manière de mesurer le grain dans le boisseau ; car il est presque impossible d'obtenir deux mesures rigoureusement exactes.

Dans cet état de choses, quelle utile application peut-on faire de mon mode de conservation ? Quel usage peut-on faire en particulier de mon établissement ? D'abord, pour mon mode de conservation, en ce qui concerne les vins et les autres liquides, les propriétaires et les commerçans pourront, dans tous les lieux où le sol le permettra, établir des caves et des magasins qui réunissent les conditions que j'ai indiquées pour la bonne conservation, et à l'égard des grains et des farines, je ne désespère pas que les familles aisées ne fassent l'essai de mes greniers clos, et qu'en ayant reconnu l'infaillibilité, elles ne fassent établir dans leurs caves ou autres souterrains de pareils greniers, et qu'ayant établi de pareils greniers, elles ne forment chez elles, dans les années d'abondance, des réserves de grains et de farines pour elles et leurs pauvres; et j'ose me flatter qu'en employant ce moyen, la France sera pour toujours à l'abri d'une disette et même d'une grande cherté.

J'espère aussi que les grands établissemens, comme les hôpitaux, les colléges, les boulangeries, les places de guerre, etc., ayant connaissance de ce procédé, s'empresseront d'établir des greniers clos pour y tenir en réserve leurs provisions.

Quant à mon établissement, je crois qu'on peut en faire l'application suivante : il est situé à la porte de la Capitale; il est situé à la chute de tous les arrivages par la haute Seine et par la Marne; il est situé à la proximité des nouvelles communications qui vont s'ouvrir par le pont d'Ivry, dit le *Pont de la Marne*, et sur la direction d'une nouvelle route départementale projetée; il sera situé enfin à deux cents toises des docks qu'on doit construire dans la plaine basse d'Ivry, le seul endroit où l'on puisse créer utilement un tel établissement pour Paris : et l'on sait ce que sont des docks. Ce sont de larges bassins navigables, sur les bords desquels se trouvent de vastes magasins où l'on resserre toutes les denrées et les marchandises qui arrivent. Ces établissemens font la sûreté du commerce; en faisant la sûreté du commerce, ils assurent sa prospérité; en faisant sa prospérité, ils le fixent dans l'endroit où ils sont situés (1). Ce sont de pareils établissemens,

---

(1) M. Cordier, membre de la Chambre des Députés, inspecteur divisionnaire des ponts et chaussées, ne cesse, depuis long-temps, de s'occuper d'un grand projet ayant pour but de favoriser l'arrivage des bateaux et trains de la haute et basse Seine, et de leur assurer un abri sûr et commode au moyen de docks ou bassins éclusés qui seraient établis sur divers points aux abords de la Capitale, à l'instar de ceux de Londres. Les divers projets de cet habile ingénieur ont été développés avec beaucoup de talent. Il divise son entreprise en quatre parties : le canal de la Marne à la Seine, le canal avec docks à ouvrir dans la plaine d'Ivry, le canal entre les docks et le Jardin des Plantes, le canal depuis la Gare jusqu'à Grenelle et Sèvres. Il a justement pensé que ces quatre entreprises réunies seraient trop étendues, au-dessus des ressources et de la responsabilité d'une compagnie. Nous ne nous occuperons, dans cet

créés sur le cours de la Tamise, qui ont fait la fortune du commerce de l'Angleterre et qui attestent la puissance de cette nation. Ainsi

---

article, que de la seconde partie du projet, à laquelle toutes les autres se rattachent.

La prise d'eau du canal d'Ivry serait faite au-dessous du Port-à-l'Anglais, à l'aval du parc de ce nom, par une écluse à sas. Le canal, jusqu'au bassin, aurait 400 mètres de longueur, 20 de largeur dans le fond, 56 d'un bord intérieur à l'autre, 9 de profondeur, mesurée du fond au bord intérieur du chemin de halage. On donnerait au bassin 1,200 mètres de longueur, 100 de largeur dans le fond, 156 entre les crêtes intérieures et 9 de profondeur. La branche du bassin, à l'extrémité du canal ou à son entrée en Seine, aurait un développement de 1,400 mètres et les mêmes dimensions que la première branche. Toutes les terres de déblais seraient portées en remblais sur les digues, pour les élever au-dessus de la ligne des plus fortes inondations; il serait construit à chaque extrémité une écluse à sas en maçonnerie, de dimensions plus grandes que celles des bateaux les plus longs et les plus larges. A chaque écluse, on poserait des portes tournantes, pour donner des chasses et enlever les sables déposés pendant les grandes crues. Le bassin, placé avant l'écluse de sortie, serait bordé d'un quai en maçonnerie de moellons avec mortier de chaux et sable; on construirait un pont tournant sur chacune des deux écluses, deux autres ponts mobiles sur le grand dock ou bassin, et quatre maisons d'éclusiers et de pontonniers près de ces ouvrages. De chaque côté des ca-

mon établissement est situé dans la position la plus favorable : sous ce point de vue, il convient parfaitement pour former :

---

naux et docks et sur tout leur développement on établirait une route en pavés de grès de 6 mètres de largeur de chaussée, qui servirait à l'exploitation des chantiers, magasins, etc. Une machine à vapeur de la force de quarante chevaux serait employée à faire les épuisemens pendant l'exécution des travaux, à remplir les docks pendant les sécheresses, et à distribuer des eaux à tous les établissemens qui s'éleveraient sur les bords des canaux. M. Cordier évalue les travaux d'art, de terrassement, des routes, des machines, les plantations y compris l'achat du sol, à huit millions; il porte le produit des terrains vendus à neuf millions. Les travaux, selon lui, seraient achevés en deux années, et les ventes auraient lieu avant trois ans, en sorte qu'après cette courte période, la compagnie serait rentrée dans la totalité de ses fonds avec les intérêts.

Les revenus du canal, tous frais prélevés, lui paraissent devoir être, par an, de 800,000 francs, c'est-à-dire de 10 pour 100 sur le capital employé, après le remboursement de la totalité du montant des actions.

Les savans projets de M. Cordier sont sous nos yeux; il nous sera facile de développer les avantages généraux que procureraient les docks d'Ivry au commerce et à la navigation.

La navigation de la haute Seine étant imparfaite et souvent interrompue, les approvisionnemens de la Capitale ne sont ni réguliers ni assurés; le prix des marchandises les

1°. Un dépôt de grains ;

2°. Un dépôt de farines;

3°. Un dépôt de vins et sur-tout de vins fins ;

---

plus usuelles, comme le charbon, le bois, les vins, varie de de 15 à 20 pour 100, à quelques mois d'intervalle. Les négocians ne peuvent les livrer à jour fixe, ce qui donne lieu à beaucoup de procès et à de grandes pertes, qui retombent sur les fabricans et sur les consommateurs. De grands dépôts de matières premières, assez spacieux pour contenir les approvisionnemens d'une année, rendraient les prix uniformes, diminueraient les dépenses des consommateurs et assureraient le succès des fabriques. Ces grands magasins ne peuvent remplir leur destination qu'étant placés sur un sol plus élevé que les plus grandes crues, sur les bords de la rivière ou des canaux, et à portée des grandes routes. Presque aucune localité n'offre naturellement ces divers et salutaires avantages : ou les bords de la Seine sont bas, et les grandes eaux qui les recouvrent inondent les parties basses des entrepôts ; ou ils sont élevés, et des constructions d'une grande valeur occupent le sol jusqu'au lit du fleuve ; dans ce cas, le montant des indemnités à payer dépasserait la rente des locations.

Cependant, malgré ces obstacles, nous voyons le commerce repoussé de Paris par la valeur progressive du sol cherchant à s'établir à Charenton, Ivry, Grenelle, Neuilly, sur des terrains qui ne satisfont qu'à l'une des conditions prescrites. Les magasins se trouvent éloignés de la rivière et des routes, ou placés sur des terrains submersibles ; tous

4°. Un dépôt d'eau-de-vie et d'huile;

5°. Et enfin un dépôt de denrées coloniales.

On aurait l'avantage d'y conserver les grains sans perte ni déchet, et sans frais de manœuvres,

---

sont construits sur de trop faibles échelles pour assurer le service et contribuer à la réduction du prix des marchandises. La plaine d'Ivry paraît à M. l'ingénieur Cordier le seul lieu entièrement convenable à l'établissement des grands docks, et nous partageons bien son opinion; elle est spacieuse, rapprochée des barrières et à niveau tel, que les déblais du creusement des bassins compenseraient les remblais nécessaires pour mettre les digues et les entrepôts au-dessus des plus grandes inondations connues. La double entreprise des bassins et des magasins coûterait donc le moins possible.

Les eaux de la Seine et de la Marne et les dix-huit mille bateaux ou trains qui descendent de ces rivières pourraient rester dans les canaux ou entrer dans les bassins. Les routes de Champagne, de Bourgogne, de la Suisse, d'Orléans viendraient de même converger sur la plaine d'Ivry au moyen de ponts: les diverses productions qui sont expédiées pour Paris par des voitures arriveraient dans des magasins sans traverser la ville, sans passer même dans les faubourgs; elles y seraient entreposées avec plus de facilité et avec moins de frais que dans les magasins de l'intérieur. Si la plaine d'Ivry n'est point encore bâtie, c'est que parfois elle est inondée; on n'y compte que quelques constructions placées sur le bord de la Seine et hors de la ligne du projet: ainsi il ne faudrait pas démolir une seule maison pour exé-

par l'usage des greniers clos. Les farines conservées par le même moyen ne se détérioreraient point, comme cela arrive dans les halles et les dépôts ordinaires, et dès-lors on pour-

---

cuter l'entreprise. La plaine d'Ivry est voisine des carrières de pierres, de plâtre, de sable; la terre du sol, convenablement préparée, peut servir à la fabrication des briques; c'est donc encore le lieu des environs de Paris où les constructions se feraient le plus facilement et au plus bas prix. Lorsque le canal et les docks seraient ouverts il s'établirait sur les bords des magasins de charbon, de fourrage, d'avoine, des moulins à blé, des buanderies et un grand nombre d'entrepôts et de fabriques qui ont besoin de combustibles et d'eau courante. Le Gouvernement ou une grande société trouverait aussi moyen d'utiliser le magnifique entrepôt souterrain qui a été créé par M. Delacroix à Ivry, et qui peut servir à recevoir tous les produits de l'agriculture destinés à la conservation.

Tous les décombres de Paris seraient portés dans les bateaux du canal, et transportés de nuit et presque sans frais à plusieurs lieues des barrières. La Capitale, en exécutant ce vaste projet conçu par un homme aussi habile qu'éclairé, ne serait plus exposée à manquer de charbon, de fourrages, etc.; les ports de l'intérieur se verraient débarrassés; la rivière, exempte des obstacles qui arrêtent le courant, ne causerait plus d'inondations dans les quartiers bas, avantage immense et qu'on ne saurait trop apprécier. Enfin les travaux indispensables pour ces vastes constructions nécessiteraient des millions de bras pendant deux

rait toujours faire manger de bon pain aux habitans de Paris.

Pour un dépôt de vins et surtout de vins fins, on y trouverait l'avantage que ces vins s'y conserveraient bien, qu'ils s'y bonifieraient, et qu'ils ne tourneraient point à l'aigre, comme cela arrive assez souvent dans les magasins artificiels.

Pour un dépôt d'eau-de-vie et d'huile, on y trouverait l'avantage que les liquides n'éprouveraient point un aussi grand déchet d'évapo-

---

ou trois ans. Les entreprises d'utilité publique ont cet avantage, qu'en occupant les classes nombreuses d'ouvriers elles contribuent à étendre la prospérité nationale. Ce ne serait pas le moindre bienfait du beau projet de M. Cordier, pour l'exécution duquel nous faisons les vœux les plus sincères ; mais nous apprenons avec regret qu'il éprouve des entraves pour la réalisation de son projet. On a assuré que MM. les Actionnaires de l'entreprise du canal Saint-Martin croyaient voir une concurrence contraire à leur intérêt dans l'exécution des docks d'Ivry. Il y a probablement dans cette opposition un malentendu ; car il nous paraît évident que, loin de nuire au succès du canal Saint-Martin, ces docks lui seraient utiles, en ce que, fixant le centre du commerce du royaume dans la plaine d'Ivry, nécessairement un nombre de bateaux plus grand, se rendant dans le nord, remonteraient par ce canal, et contribueraient à sa prospérité. (*Note de M. Dubouchet.*)

ration que celui qu'ils éprouvent dans les magasins trop aérés.

Enfin, on y conserverait intactes les denrées coloniales, telles que les riz, cafés, sucres, par le moyen des greniers clos. Les laines seraient aussi mises avec avantage dans de pareils lieux de conservation, on aurait l'assurance que les vers ne les attaqueraient point et que le feu ne s'y mettrait pas, j'en ai fait une expérience qui déjà m'a très-bien réussi. Un grand et dernier avantage qu'on y trouverait encore, c'est que toutes les denrées et les marchandises qu'on y déposerait seraient assurées contre l'incendie par la nature même de l'Établissement, qui est tout en roc. Pouvant conserver les farines aussi long-temps qu'on le voudra, sans frais, on pourrait y établir une vaste boulangerie, qui fournirait du pain à Paris.

Cet Établissement est déjà ouvert comme lieu de dépôt, sous le titre d'*entrepôt-modèle*, et déjà une clientèle naissante y est attachée, et elle se serait accrue promptement, s'il eût convenu à mes arrangemens de vouloir faire autre chose qu'une simple opération de propriétaire et de bien public en créant cet Établissement; mais nécessairement il recevra tous les développemens dont il est susceptible.

Il pourrait être exploité sans contredit avec avantage par une grande maison de commerce et même par un simple particulier; mais comme, outre beaucoup d'autres denrées, telles que les vins, les eaux-de-vie, et les marchandises coloniales qui y seraient envoyés en dépôt de conservation, il pourrait y être formé un dépôt considérable de grains et de farines, et qu'en France, par préjugés, la classe estimable, mais souvent peu éclairée, du peuple, s'en est quelquefois pris à ces sortes de dépôts de la disette ou de la cherté du pain qui survenait, et que les dépôts utiles étaient considérés comme des accaparemens, il importerait qu'un Établissement de cette nature fût placé sous l'égide de la foi publique, et le moyen de l'y placer sûrement serait de l'exploiter, par une grande compagnie, qui admettrait même les ouvriers et les simples artisans à y verser leurs économies, pour être employées à leur profit, dans des temps opportuns, en acquisition de grains ou de farines : de telle manière que l'Établissement devînt la chose de tous, et que chacun eût un intérêt direct à le protéger et à le défendre.

Ainsi, par exemple, la Compagnie formerait par actions un capital, qui serait exclusivement consacré à faire à l'agriculture et au commerce des avances à des conditions modérées, sur leurs denrées en dépôt de conservation dans l'Établissement, et elle aurait un autre capital qui serait formé des économies que les ouvriers, artisans et autres auraient versées, et dans les temps de surabondance, ces économies seraient employées en achat de grains et de farines qu'on mettrait en conservation, et dans les temps de cherté ou de disette, la compagnie remettrait en nature, à chacun de ces petits actionnaires, le montant de sa mise de fonds, au prix coûtant, augmenté seulement du simple droit de conservation, de manière qu'ils n'eussent point à supporter dans leurs ménages la charge du renchérissement du pain. Ils seraient toujours admis à renouveler leur réserve en grains et farines par de nouvelles économies.

Il faudrait aussi qu'on donnât à cet Établissement une direction telle, que les caves devinssent les caves des riches, comme renfermant les vins de tous les meilleurs crus de France, et que les greniers devinssent les greniers des pauvres, comme contenant en nature leurs économies, faites dans des temps opportuns, et comme leur faisant retrouver ces économies précieuses dans les temps difficiles

Il faudrait enfin que la Compagnie vît moins

dans l'exploitation de cet Établissement une spéculation que le bonheur d'être utile à son pays; et je suis persuadé cependant, qu'en y apportant ce noble désintéressement, les actionnaires placeraient encore leurs fonds à plus de dix pour cent, sans aucune chance de perte; mais je crains bien de n'émettre que des vœux superflus : car réaliser de tels vœux ce serait créer en France un commerce de grain, comme il en un existe à Londres, à Odessa, à Naples, à Livourne, à Hambourg, etc., et cela est impossible dans un pays où l'Administration publique fait elle-même le commerce et se charge de pourvoir aux approvisionnemens, dans un pays où cette Administration a des réserves qu'elle peut jeter sur les marchés et qu'elle peut retirer à volonté; car quel particulier, quelle compagnie même oseraient établir une concurrence avec une telle Administration, qui a, par elle et par ses pourvoyeurs, d'immenses capitaux à sa disposition, qui reçoit une protection spéciale du Gouvernement et qui peut toujours à volonté faire par ses agens la hausse et la baisse?

Aussi n'existe-t-il point de commerce de grains en France, si ce n'est un simple commerce de cabotage et de consommation insignifiant, et il ne peut s'en établir aucun de quelque importance sous cet ordre de choses.

Est-ce un bien, est-ce un mal qu'une Administration publique ait, sinon de droit, au moins de fait, le monopole du commerce des grains pour l'approvisionnement des grandes villes? C'est une question qui, par sa nature, se rattache aux plus hautes considérations.

D'un côté, on peut dire que, par sa position, l'Administration doit connaître mieux que le commerce les besoins et les ressources du pays, et être mieux à même que lui de créer un système de prévoyance qui prévienne une disette et même une trop grande cherté, et qu'ainsi, par exemple, au moyen de sa réserve elle peut suppléer au défaut d'arrivages sur les marchés, dans le cas où la circulation éprouverait quelque obstacle inattendu, fournir des farines dans le cas où le commerce n'en fournirait pas suffisamment, et donner enfin du pain aux indigens dans les momens de crise et de cherté, etc.

D'un autre côté, l'expérience a prouvé que souvent aujourd'hui le commerce connaît mieux que l'Administration les besoins et les ressources du pays, qu'il est presque toujours mieux informé qu'elle de tout ce qui se passe, et que, stimulé par son intérêt, il est plus vigilant, plus actif et plus en état de pourvoir à tout s'il était libre : on ne peut se dissimuler que les prévisions de l'Administration se sont plus d'une fois trouvées en défaut, témoin les événemens de 1816 et de 1817; et le commerce a pour lui un grand exemple, c'est que c'est lui et lui seul qui approvisionne toutes les Capitales dans les États voisins; et dans toutes ces capitales on mange de meilleur pain qu'à Paris, et il y est relativement moins cher qu'il ne l'est dans cette reine des cités.

Je pencherais donc pour croire que la ville de Paris, par exemple, pourrait aujourd'hui, sans inconvénient, se décharger de l'embarras d'entretenir à grands frais une réserve pour son compte et d'abandonner le soin de l'approvisionnement de la Capitale au commerce, en prenant les précautions que la sagesse prescrirait.

Ainsi, par exemple, on pourrait laisser tout le monde libre de faire le commerce de grains et de farines dans l'intérieur du royaume et d'approvisionner les villes, mais à une condition; car la liberté doit avoir aussi ses conditions; c'est que ceux qui voudraient se mêler de ce commerce seraient tenus de faire préalablement leur déclaration de la mise de fonds qu'ils voudraient consacrer à cet objet, et leur soumission de toujours tenir une quantité déterminée et relative à leur mise de fonds de setiers de grains et de sacs de farines à la disposition du Gouvernement au cours du jour où il en disposerait.

Par ce moyen, le Gouvernement retrouverait toujours dans les mains des commerçans une réserve naturelle dont il n'aurait pas l'embarras, et les commerçans ne pourraient s'en plaindre, puisque le Gouvernement en paierait le prix au cours.

Supposons donc que, par exemple, dans le département de la Seine, il se présente seulement mille personnes qui viennent faire leur déclaration qu'elles entendent faire le commerce de grains et de farines, et que chacune d'elles se soumette, l'une portant l'autre, à tenir à la disposition du Gouvernement seulement cinquante setiers de blé et autant de sacs de farines, et que, pour garantie, elle verse entre ses mains un cautionnement de 4,000 fr., aussitôt il aurait une réserve de cinquante mille setiers de blé et de cinquante mille sacs de farine, qui ne lui coûteraient aucun frais d'entretien, et cette réserve suffirait certainement; car il est probable que, comme dans toutes les autres Capitales, le commerce pourvoirait à tout : au surplus elle pourrait être augmentée si on le jugeait nécessaire, et dans le cas d'émeute, répartie entre mille mains, dans mille greniers, elle ne pourrait être pillée que pour de faibles parties; d'ailleurs, le peuple français s'habituerait comme les autres peuples à voir circuler le grain comme marchandise, et ses préventions contre ce genre de commerce se dissiperaient et, comme les autres peuples, il aurait la vertu, n'en doutons pas, de respecter la propriété de cette denrée, même dans les momens de crise; et alors la spéculation jetterait infailliblement, comme elle fait dans tous les autres pays, des capitaux plus ou moins considérables dans le commerce des grains; l'agriculture en recevrait de grands encouragemens; elle produirait beaucoup davantage; il n'y aurait plus de disette ni de grande cherté à craindre, et les consommateurs y gagneraient aussi, ne fût-ce que de manger de meilleur pain. La ville de Paris admet qu'il ne survient de cherté que tous les cinq ans au plus et, de son aveu, sa réserve lui coûte 800,000 fr. par an, rien que pour les simples frais de conservation; en mettant cette somme de côté, au bout de cinq ans elle aurait une économie de 4,000,000 de fr. Avec cette somme, en supposant qu'à la cinquième année il survînt une disette ou une cherté, elle pourrait donner du pain pendant une année entière à cinquante mille, et pendant six mois à cent mille pauvres ou indigens, supposé que le pain valût 4 sous la livre, et qu'elle en donnât une livre par jour à chaque individu : avec sa réserve elle ne doit pas pouvoir faire de plus larges distributions ; il lui reste pour elle l'embarras et les chances de pertes, et il y aurait l'avantage encore que le commerce étant devenu libre à des conditions justes et déterminées, on ne pourrait plus reprocher à l'Administration de faire le monopole du commerce des grains.

Mais j'aperçois les objections que l'on ne manquera pas de faire contre mon système : la première, c'est que pour l'approvisionnement de la ville de Paris, il ne se présenterait peut-être pas mille personnes qui voulussent faire le commerce des grains, et qui consentissent à tenir à la disposition du Gouvernement cinquante setiers de blé et cinquante sacs de farine, et à fournir un cautionnementde4,000 fr.; la seconde, c'est qu'il pourrait arriver que le commerçant n'eût pas toujours présent le contingent qu'il se serait obligé de tenir à la disposition du Gouvernement, et qu'au moment du danger la prévoyance du Gouvernement se trouvât en défaut par le manque de foi du commerçant.

La troisième, c'est qu'il arriverait que le Gouvernement, ne disposant nécessairement de cette réserve que dans les temps de rareté et de crise, il serait obligé de la payer à un cours très-élevé.

A la première objection, je réponds : J'ai pris le nombre mille comme j'en aurais pris tout autre ; ce serait plus ou moins, qu'importe ? Il suffirait qu'il se présentât assez de commerçans, à l'effet d'établir une concurrence pour assurer l'approvisionnement de la Capitale de grains et de farines en bonne qualité et au meilleur marché possible, et on ne peut douter qu'il ne s'en présentât en assez grand nombre ; car la spéculation et les capitaux se portent toujours partout où il y a sûreté, liberté et chances égales pour tous. La condition de se soumettre à tenir à la disposition du Gouvernement une quantité déterminée de grains et de farines, et de fournir pour assurer l'exécution de cette obligation un cautionnement dont le Gouvernement paierait, comme de juste, l'intérêt, ne serait point un obstacle ; car tout le monde comprendrait que le Gouvernement laissant au commerce le soin de pourvoir à tous les besoins, il a le droit incontestable d'exiger de lui, dans l'intérêt public, des garanties, et tous ceux qui voudraient se livrer au commerce des grains et des farines s'empresseraient infailliblement de donner celles que la loi aurait déterminées.

A la seconde objection je réponds : Je conviens qu'il pourrait arriver que tous les commerçans en grains et farines n'eussent pas toujours présent le contingent de grains et farines qu'ils seraient soumis de tenir à la disposition du Gouvernement; dans mon système, il ne faudrait pas même exiger qu'ils l'eussent, et je voudrais au contraire que le Gouvernement suivît en cela leur foi. En suivant leur foi, voici ce qui arriverait : il faut calculer que ceux qui ne pourraient pas fournir le contingent seraient dans le rapport des négocians qui font faillite, à ceux qui font honneur à leurs engagemens. Ce rapport peut être comme un est à dix : ainsi, bien certainement, les neuf dixièmes auraient leur contingent, ou auraient pris leurs mesures pour se le procurer lorsque le Gouvernement voudrait en disposer. Ce serait donc au Gouvernement à faire ses calculs en conséquence; et je crois que les choses ne se passent pas différemment dans le système de la réserve actuelle.

A la troisième, je réponds : Oui, sans doute, le Gouvernement, voulant disposer de la réserve que les commerçans seraient obligés de tenir à sa disposition, il serait tenu de payer le grain et les farines au cours, et ce cours serait nécessairement élevé lorsqu'il en disposerait; mais il n'aurait besoin d'en disposer que très-rarement, jamais peut-être; et s'il arrivait qu'il fût obligé d'en disposer, il pourrait aisément, avec les économies des frais de conservation de sa réserve actuelle, supporter la hausse, et il y gagnerait encore beaucoup. Au surplus, ce ne sont que des idées que je soumets ici à la méditation des hommes sages (1).

L'impossibilité de créer un commerce de grains et de farines en France, dans l'état des choses, n'est pas le seul obstacle qui empêchera mon Établissement d'être aussi utile qu'il pour-

(1) On voit combien la sollicitude de M. Delacroix est grande pour les malheureux : son Établissement, nous n'en doutons pas, sera exploité avant peu avec avantage pour la ville de Paris, mais par des spéculateurs qui oublieront peut-être les vues philantropiques du créateur de l'entrepôt-modèle : puisse-t-il n'avoir pas fait aujourd'hui le rêve d'un homme de bien !

rait l'être; il en est d'autres dont les uns sont particuliers à cet Établissement, et les autres sont communs à toutes ces sortes d'améliorations qui se font en France.

Pour les faire comprendre, je vais les personnifier sous le nom d'êtres moraux, qui les rendront plus sensibles au lecteur.

Je commencerai d'abord par la Bienveillance, cette fille de la Bonté, devant laquelle toutes les difficultés s'aplanissent ordinairement. Eh bien! la Bienveillance elle-même est, quant à présent, un obstacle à l'application de mes théories, parce qu'elle ne connaît ni mon Établissement ni mes procédés, et que l'un et l'autre sont de nature à ne pouvoir être compris et jugés sans avoir été vus et étudiés, et qu'en en jugeant souvent sans les connaître, elle doit nécessairement en juger mal. Heureux si, même à ses yeux, elle m'accorde la possibilité de réussir, et ne regarde pas mes projets comme le rêve d'une imagination fertile en vues purement spéculatives! En effet, n'ai-je pas entendu des personnes critiquer jusqu'à la qualification de modèle donnée à l'Établissement, et dire que personne n'avait le droit de se donner pour modèle? Sans doute que personne n'a le droit de se donner pour modèle en ce qui touche les qualités personnelles; mais tout le monde a le droit de donner pour modèle une chose qu'il peut être utile d'imiter et qui n'existe nulle part. Tout ce que raisonnablement on pourrait dire, c'est que ce serait un mauvais modèle, mais alors je dirais : Faites mieux; tant donc qu'on n'aura pas fait mieux, l'Établissement restera modèle.

Viennent ensuite les habitudes; elles tyrannisent tellement les hommes, qu'elles les empêchent presque toujours de quitter ce qui est bien pour prendre ce qui est mieux. N'oublions pas l'aveugle Prévention, qui rejette souvent ce qui est bon, parce qu'elle ne peut ni ne veut le voir : et l'on va en lire un exemple frappant et récent.

L'année dernière, plusieurs meuniers avaient envoyé en dépôt de conservation, à l'entrepôt-modèle, une certaine quantité de sacs de farines, avec autorisation de les vendre au prix de 50 et 51 fr. le sac, si l'occasion s'en présentait, et ils étaient fort disposés à y former un grand dépôt de farines, et à l'alimenter continuellement s'ils y trouvaient le débit : ils y rencontraient un avantage réel; car quand ils envoient leurs farines à la Halle ou dans les dépôts particuliers, il arrive souvent, dans l'été, que si la consommation ne les réclame pas promptement ces farines se prennent et se détériorent, qu'alors ils sont obligés de les vendre à grande perte, et à l'entrepôt-modèle ils n'avaient rien à craindre de semblable.

Eh bien, je fis prévenir plusieurs boulangers de Paris qu'ils trouveraient dans l'Établissement de très-bonnes farines, bien conservées, et que même on les leur vendrait au-dessous du cours. Quand je leur parlai de farines en conservation dans des greniers souterrains, ils me rirent au nez, et aucun d'eux ne voulut se décider même à venir voir ces farines.

A quelque temps de là, le prix des farines augmenta sensiblement, alors les propriétaires reprirent celles qu'ils avaient en dépôt de conservation à Ivry, et en envoyèrent une partie chez les boulangers de leurs pratiques, et une autre partie à la Halle de Paris : or, qu'est-il arrivé, c'est que plusieurs de ces boulangers qui n'avaient pas voulu de ces farines à 50 et 51 fr. le sac, à Ivry, les trouvèrent excellentes à 60, 70 et même 80 fr. à la Halle de Paris ou expédiées directement chez eux. Que répondre à cela?

Survient à son tour l'Envie, à l'œil faux et perçant, qui dénigre les entreprises les plus honorables et enveloppe leur auteur d'une atmosphère d'insinuations perfides, pour lui faire perdre la confiance, elle est d'autant plus dangereuse dans notre siècle philosophique qu'elle n'est pas persuadée, avec Cicéron, que tout ce qui est honnête est toujours utile à celui qui le pratique; ni avec le Christ, que tout ce qui est juste recevra sa récompense; mais comme Glaucon, son secret est que, dans l'état actuel du monde, le bonheur ne consiste pas à être juste, mais à le paraître; car on la voit, dans toutes ses actions, s'étudier soigneusement à donner aux autres une haute idée de sa probité et de sa délicatesse. Il n'en est pas ainsi de l'innocence : elle est toujours juste et probe par elle-même; mais elle s'occupe peu de le paraître. L'envie est presque toujours escortée de sa fille, la calomnie, dont le caractère est de répandre la discorde partout, et de détruire les hommes et les choses; et par suite toutes les améliorations utiles.

Apelles, échappé à ses poursuites, à Éphèse, sous Ptolomée, a peint cette Furie dans un tableau qui est arrivé jusqu'à nous, et qui a fait l'objet de l'admiration de tous les siècles. Dans ce tableau, il la représente sous la figure d'une belle femme, traînant par les cheveux l'Innocence, représentée par un enfant qui levait les yeux au ciel, et qui semblait prendre à témoins les Dieux ; sur la droite du tableau, se trouvait la Crédulité aux longues oreilles, tendant la main à la Calomnie ; l'Ignorance, sous la figure d'une femme aveugle, était auprès de la Crédulité, de même que le Soupçon, représenté par un homme agité d'une inquiétude secrète, et s'applaudissant de quelque découverte ; l'Envie, au visage pâle et maigre, précédait la Calomnie, et elle était suivie de l'Embûche et de la Flatterie, etc. Vouloir ajouter à une telle allégorie, ce serait en affaiblir la force : je n'y ajouterai donc rien ; mais je signalerai seulement les progrès que la calomnie a faits depuis le siècle d'Apelles, dans l'art d'assassiner ses victimes.

Ainsi je ferai remarquer qu'autrefois elle accusait, à la vérité, d'un fait faux, qui attaquait et blessait l'honneur et la réputation ; mais que ce fait était toujours ordinairement précisé de manière que la vérité pouvait quelquefois la confondre ; mais qu'aujourd'hui, joignant l'hypocrisie à la perfidie, elle n'accuse plus que comme à regret, que par des insinuations adroites, que par des réticences coupables et que sur des apparences qu'elle sait être trompeuses, sans autrement préciser ses imputations ; de sorte qu'on la rencontre partout, et que l'on ne peut la saisir nulle part; elle ne marche et n'agit d'ailleurs que dans l'ombre de la nuit, prenant garde de se montrer et de se trahir, parce que du moment où elle serait reconnue, il lui faudrait prendre l'habit du repentir et le voile de la honte.

Quand cent voix lui servent d'écho, elle peut être comparée à un lac impur, formé du tribut des égouts du mensonge, alors elle se survit à elle-même, et, semblable à la Mer-Morte qui couvre de ses eaux infectes Sodome et Gomorhe, et qui tue tous les êtres vivans qui en approchent, tous ceux qui viennent puiser à sa source s'en retournent empoisonnés.

Enfin, il n'est pas jusqu'à la sottise, qui, toujours satisfaite de son esprit et voulant le montrer, ne lance ses sarcasmes contre les plus sages entreprises, et qui souvent, par ses saillies indiscrètes, réveille le soupçon inquiet et ne séduise la trop facile crédulité.

Eh! n'a-t-on pas vu ces paroles du meilleur des princes, qui électrisèrent toutes les âmes et qui donnèrent à l'industrie française une activité jusqu'ici inconnue: *Oui, mes enfans, nous verrons arriver la mer à Paris* (si ce ne sont pas les propres expressions du roi, c'est au moins le sens). N'a-t-on pas vu, dis-je, ces paroles de vie parodiées dans de plates comédies (1)?

---

(1) Comment a-t-on pu trouver des hommes asssez ennemis de leur pays pour plaisanter sur un sujet aussi important. Ces paroles admirables n'annonçaient-elles pas les intentions dans lesquelles se trouve notre bon Roi de favoriser le commerce et l'industrie? Un canal ouvert dans le beau et riche bassin de la Seine, afin d'aller avec de grands bâtimens du Hâvre et de Rouen jusqu'à Paris ne serait-il pas d'une grande importance? Rien ne devrait être épargné pour cette belle entreprise, qui donnerait à ces trois villes des moyens nouveaux de richesse et de prospérité. Cette seule entreprise suffirait, peut-être, pour changer les destinées commerciales et maritimes de la France. Appelons sur elle l'attention de tous les amis de notre puissance nationale. Cette pensée hardie de faire voir la mer à Paris, surmontera par degrés les préjugés qui l'ont repoussée au premier abord; elle finira par triompher chez un peuple aussi industrieux qu'éclairé.

Avec une pareille entreprise nous donnerons à Paris des moyens de prospérité pareils à ceux que les docks et la Tamise ont donnés à Londres; moyens qui ont porté la population de cette capitale au-delà de quatorze cent mille âmes, dont quatre cent mille vivant du produit de l'industrie maritime et du commerce qu'elle nécessite. Que l'on ne croie pas qu'en procurant un si grand avantage à la Capitale, on néglige les autres villes: on vivifie à la fois cinq autres départemens: la Seine, Seine-et-Oise, l'Eure, la Seine-Inférieure et le Calvados; on donnerait

Ainsi comme on le voit en France, l'ignorance, la prévention, l'envie, la jalousie, la calomnie, la sottise et la malveillance se soulèvent tou-

---

un quai, un port à Poissy, à Meulan, à Mantes, à Vernon; à Rouen, les bassins et les magasins dont il manque, et un abri pour ses navires dans les temps de glaces et d'inondations; on rend plus sûres, plus faciles, plus profondes, les entrées de Honfleur et du Hâvre: Elbeuf et Louviers profiteront également des facilités de transport offertes par un canal, soit pour leurs relations avec Paris et le centre de la France, soit pour leurs relations avec Rouen, le Hâvre et les contrées d'outremer.

On offre un marché nouveau, riche et toujours croissant aux produits agricoles des départemens que nous venons d'énumérer; aujourd'hui ces départemens n'envoient pour ainsi dire aucune de leurs denrées à Paris, à cause de la lenteur, de la cherté, de l'incertitude des moyens de transport; mais quand ils pourront, en peu de temps, envoyer les mêmes denrées, moyennant un prix très-modique, ces départemens profiteront d'un si grand avantage; ils répandront dans Paris une abondance nouvelle des produits territoriaux, et recevront de cette Capitale une opulence, un bien-être proportionnés au retour d'argent ou d'objets manufacturés.

Un avantage spécial que la marine commerçante retirerait encore d'une navigation qui conduirait les navires jusqu'auprès de la Capitale, est que MM. les commerçans parisiens devenant plus instruits dans toutes les questions qui se rapportent à la navigation et au commerce mari-

jours pour conspirer contre toutes les innovations et les améliorations les plus utiles qu'on veut y introduire, et ce n'est qu'après une lon-

---

time, seront à portée d'offrir des données beaucoup plus certaines, toutes les fois que l'Autorité publique aura besoin de leur expérience. Les questions relatives au commerce extérieur et à la navigation qui, maintenant, ne sont presque comprises de personne à Paris, deviendront, comme chez nos voisins, des questions généralement bien appréciées. MM. les pairs et les députés, lorsqu'ils séjourneront dans la Capitale, acquerront des idées saines sur ces grands objets d'utilité nationale. Ainsi, d'une part, l'opinion publique; de l'autre, les expériences se trouveront améliorées.

Un canal maritime favoriserait le nouveau système militaire des bateaux à vapeur. En établissant une digue-déversoir à l'embouchure du fleuve, on formerait un bassin spacieux, qui s'étendrait de Honfleur jusqu'à Rouen; bassin dans lequel les bateaux à vapeur pourraient mouiller en toute sûreté, sans craindre ni l'ennemi ni le mauvais temps; ils pourraient au besoin déboucher par trois passes, à Honfleur, au Hâvre et vers la pointe du Hoc; menacer de là tous les points de la côte méridionale de l'Angleterre, depuis Plymouth jusqu'à la Tamise. Ce serait le plus grand et le plus beau port artificiel qui convînt à la station des nouveaux bâtimens à vapeur. Disons-le à regret, le plus grand malheur de la marine militaire en France est de n'être comprise que par un petit nombre de personnes; c'est, disons-le, un objet d'intérêt, en quelque sorte exo-

gue lutte et une grande persévérance que la vérité et la raison parviennent à triompher.

---

tique, pour les habitans de la Capitale et du plus grand nombre de nos départemens. On est effrayé quand on pense à la facilité avec laquelle nos voisins d'outremer pourraient nous attaquer sans que nous ayons aucun moyen de défense. O mes compatriotes, c'est au nom de la gloire, si chère à tous les cœurs magnanimes, que la France elle-même vous convie à la lutte nouvelle, où des victoires illustres, bienfaisantes, vous attendent. Vous l'avez vu, autant l'Angleterre est en avance aujourd'hui, autant, il y a cinquante années, elle était en arrière de la France, et dans l'entreprise et dans l'exécution des grands ouvrages utiles à l'industrie, indispensable au commerce : ce qu'elle a fait durant un demi-siècle, nous pouvons le faire plus promptement encore. Nous pouvons reprendre notre rang, en profitant de son expérience, comme elle a su profiter de la nôtre.

Osons vouloir, ni l'ardeur et l'activité, ni la science et le génie ne manquent à notre heureux pays. Notre territoire est plus vaste, notre climat plus beau, notre sol plus fertile; sachons entreprendre, avec les efforts combinés et les sacrifices communs d'un grand nombre de citoyens, des communications assez nombreuses, assez aisées, assez économiques pour faciliter nos débouchés; en nous livrant à ces travaux d'association, nous cimenterons l'alliance de toutes les classes de l'État, et nous marcherons d'un même pas à l'agrandissement de la force physique, à l'affermissement de la puissance morale de notre patrie.

(*Note de M. Dubouchet.*)

Et comment pourrait-on expliquer, si ce n'est par le mauvais esprit qui conspire constamment contre toute espèce d'entreprises et d'améliorations, ce phénomène de l'Angleterre, ayant une population trois fois moins grande et non plus spirituelle que celle de la France, ayant un territoire trois fois et demi moins étendu que ne l'est celui de la France, ayant une moins grande étendue de côtes sur les mers que celle que possède la France, devenue cependant gigantesquement plus savante, non dans la théorie, mais dans l'application des sciences et des arts, plus riche dans l'industrie, et plus prépondérante parmi les nations ?

Il est certains esprits qui pensent que l'industrie est plutôt un mal qu'un bien ; à les entendre, elle ne produit que l'immoralité, d'une part, et la pauvreté de l'autre, en ce qu'elle invente des métiers et des machines qui privent d'ouvrage une infinité d'ouvriers ; en ce qu'elle crée, par ses banques, des valeurs fictives, qui, mises en circulation, augmentent le signe monétaire, et font hausser le prix des denrées de première nécessité.

L'industrie peut sans doute devenir, dans certaines circonstances, un mal momentané, comme lorsque, par exemple, elle crée des choses dont il y a déjà de trop ; mais en ce cas, elle se rectifie d'elle-même par le défaut de débit, car de ce moment elle cesse de produire, ou elle porte son activité sur d'autres objets qui manquent aux besoins ou à l'agrément des peuples, et en France il y a assez de travaux utiles à faire pour occuper tous les bras et toutes les machines inventées et à inventer, car il y a encore plus de 600,000 hectares de marais à dessécher, et davantage de friches, landes à mettre en culture et en valeur. Il y a des forêts entières à repeupler ; il y a des voies à planter ; il y a des routes à réparer, il y en a de nouvelles à faire, puisqu'il y a des provinces entières, telles que le Berri, la Bretagne, etc., qui ne peuvent, faute de moyens de communication, exploiter des forêts et des mines précieuses de charbon de terre, de fer, etc., qu'elles renferment ; il y a des canaux à achever et d'autres à ouvrir, puisque, faute de moyens faciles de transports, le nord de la France ne peut faire passer son excédant de grains au midi, qui en manque souvent. Enfin partout l'agriculture attend des bras et d'utiles améliorations, puisque les Anglais sont parvenus à faire produire à leur sol inférieur jusqu'à seize pour un, tandis qu'en France les meilleures terres ne produisent encore que huit. Il reste aussi la marine à remonter. Par comparaison à l'état de l'Angleterre, tout est encore à faire en France. L'industrie est donc bien loin d'être arrivée, en ce pays, au point où elle puisse être nuisible au bonheur de ses habitans.

D'ailleurs il faut rechercher la raison de l'industrie de plus haut.

Or Dieu ayant dit à l'homme : « Pour avoir » méconnu ma défense de toucher à l'arbre de » vie, désormais la terre ne reproduira plus » que des ronces et des épines, et tu n'en tireras » de quoi vivre qu'avec beaucoup de travail, » et lui ayant laissé en même temps une haute intelligence, évidemment il a voulu qu'il pût se servir de cette intelligence dans le travail dont il lui imposait la nécessité pour se nourrir. Ainsi tout en le condamnant au travail il a voulu encore, dans sa bonté, lui laisser la faculté de pouvoir adoucir sa peine en créant, par son génie, des machines et des instrumens qui l'aidassent, et il a évidemment disposé les choses de manière que tous les bras et toutes les machines que l'homme pourrait inventer pussent être également employés pour son utilité, et que par le travail des uns et des autres la terre pourvût abondamment aux besoins de tous les hommes qui l'habiteraient en même temps; et si sous ce rapport les hommes ne sont pas heureux autant qu'il leur est donné de l'être dans le passage de cette vie, c'est qu'ils ne savent pas s'entendre pour se le rendre; car Dieu a tout fait pour qu'ils le fussent.

Dans l'ordre de sa volonté, ce qu'on appelle la liberté ne doit être autre chose que le droit d'agir dans la mesure de la justice; ce qu'on appelle l'égalité ne doit être autre chose que le droit d'avoir une part égale dans cette mesure, et la justice ne doit elle-même être autre chose que l'observation de l'ordre établi par les lois divines, et de celui établi par les lois humaines, en tant qu'elles sont conformes aux premières et qu'elles en sont de justes conséquences.

L'industrie, qui se trouve évidemment dans cet ordre, ne peut donc pas être un mal en elle-même pour le peuple : il est plus raisonnable de croire qu'elle est au contraire un bienfait général, quoique, lorsqu'il en est fait une fausse application, elle puisse devenir un mal particulier et de circonstance.

Au reste, il est de fait que tous ceux qui ont détruit dans la révolution se sont enrichis, et que tous ceux qui ont édifié se sont ruinés : on a donc grand tort de vouloir jeter la pierre à ceux qui veulent bien encore réédifier; car s'il ne se trouvait pas encore des hommes assez généreux pour recréer de nouveaux établissemens et de nouvelles industries, ce serait alors que la France retomberait dans une profonde misère, et s'il se trouvait des Français assez peu sages pour désirer la voir dans cet état, croyant que le peuple y serait plus facile à gouverner, c'est qu'ils n'auraient aucune connaissance de l'état moral du pays, et s'il était possible que leur rêve se réalisât, bientôt ils déploreraient eux-mêmes les conséquences de leur aberration.

Mais espérons que le moment n'est pas éloigné où les Français comprendront combien ils feraient de grandes choses, si, au lieu de ridiculiser des entreprises honorables, ils accueillaient même celles dont le succès est douteux, pour encourager les bonnes, comme le font nos voisins.

On ne peut nier que si quelque chose élève l'homme et l'ennoblit, c'est lorsqu'il crée; car alors il imite en quelque sorte le Créateur, et il l'honore par les productions de son génie; et la noblesse du travail sera toujours la première de toutes les noblesses, parce que le travail est l'accomplissement de la destinée de l'homme, et de l'arrêt prononcé contre lui.

A la manière dont j'ai décrit le mauvais esprit qui conspire contre toutes les innovations et les améliorations utiles que l'on veut introduire en France, et à celle dont j'ai défendu l'industrie, on pourrait croire que c'est mon intérêt personnel qui m'a fait agir; mais j'en appelle à la mémoire de tous ceux qui ont créé des établissemens et des améliorations, s'ils n'ont pas rencontré partout la résistance de ce mauvais esprit.

Pour mon compte, cette résistance m'occupe peu, parce que je sais que le temps la vaincra et qu'il est au-dessus de sa puissance d'empêcher que l'Établissement que j'ai créé ne remplisse un jour son objet, et j'ose même prophétiser qu'autant par son utilité que par sa nature il traversera tous les âges.

En tout cas, en le créant et en le faisant connaître, j'ai rempli une dette envers mon pays. Ne donnât-il que l'idée à de plus habiles que moi de faire mieux ; n'aurait-il un jour qu'empêché un seul homme de mourir de faim, je serais suffisamment récompensé !

FIN.

EXTRAIT du Catalogue général de la Librairie d'Agriculture et d'Art vétérinaire de Madame HUZARD, *Imprimeur-Libraire, rue de l'Éperon, n°. 7.*

ABRÉGÉ des géoponiques, extrait d'un ouvrage grec; par un amateur. Paris, 1812, in-8. 2 f. 50 c. et 3 f. fr. de p.

AMI (l') des cultivateurs, ou Moyens simples et mis à la portée de tous les propriétaires, de tirer le meilleur parti des biens de campagne de toute espèce, et de faire valoir avantageusement un domaine en bétail, volaille, grains, vins, etc.; par *Poinsot*. Paris, 1806, 2 vol. in-8, fig. 10 f. et 13 f.

AMI (l') du Laboureur, ou les Déjeuners de M. Richard. — Entretiens d'un propriétaire et de son fermier sur l'avantage de la suppression des jachères. Paris, 1817, in-8. 1 f. 50 c. et 1 f. 80 c.

DESCRIPTION détaillée de la charrue à un chevla, connue en Angleterre sous le nom de *horse-hoe*, instrument qui remplace les outils à bras pour les binages et les sarclages. In-12, avec 1 pl. 50 c. et 60 c.

ESSAI sur l'amélioration de l'agriculture dans les pays montueux, en particulier dans la ci-devant Savoie; par M. *de Costa*, nouv. édit. Paris, 1802, in-8, fig. 3 f. et 4 f.

INSTRUCTION sur les avantages que procure une juste proportion des semences, in-8. 25 c. et 30 c.

INSTRUCTIONS élémentaires d'agriculture, ou Guide nécessaire aux cultivateurs, par *A. Fabbroni*; trad. de l'it. par *A. Vallée*. Paris, 1806, in-8, fig. 4 f. et 5 f.

JOURNAL d'agriculture et d'économie rurale, contenant des mémoires et des observations sur toutes les parties de l'agriculture; par *Borelly*. Paris, an III, 7 v. in-8. 21 f.

MANUEL pratique du laboureur; par *Chabouillé-Dupetitmont*, cultivateur, 2e. édition. Paris, 1826, 2 vol. in-12, fig. 8 f. et 10 f.

MÉMOIRE sur l'amélioration de l'agriculture par la suppression des jachères; par *Commerel*, in-8. 1 f. 25 c. et 1 f. 50 c.

MÉMOIRE sur les défrichemens; par *de Turbilly*. Paris, 1760, in-12. 3 f. et 3 f. 75 c.

MÉMOIRES et expériences sur l'agriculture, et particulièrement sur la culture des terres, le desséchement et la culture des étangs et des marais, etc.; par *Varennes-Fenille*. Paris, 1808, in-8. 3 f. et 3 f. 75 c.

MÉTHODE pour recueillir les grains dans les années pluvieuses et les empêcher de germer; par *Ducarne-de-Blangy*. 1771, in-8, fig. 1 f. 25 c. et 1 f. 50 c.

MONITEUR rural, ou Traité élémentaire de l'agriculture en France; par *Deschartres*. Paris, 1811, in-8, avec tableaux. 6 f. et 7 f. 75 c.

MOYENS d'améliorer l'agriculture en France, particulièrement dans les provinces les moins riches, et notamment en Sologne; par M. le baron *Bigot de Morogues*. Orléans, 1822, 2 vol. in-8. 12 f. et 15 f.

NOUVEAU système de culture sans fumier, ni chaux, ni jachère d'été, pratiqué à la ferme de Knowle, dans le comté de Sussex, par le major-général *Alexandre Beatson*; trad. de l'anglais par M. *Cavoleau*. Paris, 1827, in-8, fig. 3 f. et 3 f. 60 c.

PLANS et détails d'une nouvelle construction rurale, pour servir de grange, exécutée à la Celle-Saint-Cloud, près Versailles; par M. *de Morel-Vindé*. Paris, 1813, in-8, fig. 75 c. et 85 c.

PRINCIPES d'agriculture et d'économie, appliqués, mois par mois, à toutes les opérations du cultivateur dans les pays de grande culture; par un cultivateur-pratique du département de l'Oise. Paris, 1804, in-8. 3 f. 50 c. et 4 f. 50 c.

TRAITÉ de la grande culture des terres, ouvrage utile à tous les cultivateurs et aux personnes qui voudraient faire valoir de grandes exploitations; par *Isoré*, cultivateur-propriétaire. 1802, 2 v. in-12. 3 f. et 4 f.

TRÉSOR (le) du cultivateur, ou le Moyen d'augmenter les richesses du cultivateur en améliorant la culture des terres et plusieurs branches d'économie rurale, etc.; par *Lemercier*. Paris, 1819, in-12. 1 f. 25 c. et 1 f. 50 c.

Imprimerie de Madame HUZARD (née VALLAT LA CHAPELLE),
Rue de l'Éperon, n°. 7.

www.ingramcontent.com/pod-product-compliance
Ingram Content Group UK Ltd.
Pitfield, Milton Keynes, MK11 3LW, UK
UKHW012043240726
13965UKWH00003B/999